大数据专业新工科人才培养系列教材

大数据存储技术与应用

上海德拓信息技术股份有限公司　编著

西安电子科技大学出版社

内 容 简 介

　　本书以当前流行的大数据存储技术为主线，从大数据存储技术特性和实现入手，对大数据存储的基本架构、实现原理、应用部署等进行了全面翔实的介绍。同时，以德拓大数据处理平台为依托，对 HBase、Hive、Stork、Teryx、Eagles、Cayman 等技术进行实战演练。此外，还通过真实案例分析了大数据处理过程中数据存储技术的综合应用。全书共分 6 章，内容包括大数据存储技术与应用概述、大数据分布式文件存储技术、大数据结构化数据存储技术、大数据半结构化数据存储技术、大数据非结构化数据存储技术、态势感知——舆情热点大数据平台中的数据存储技术。

　　本书可作为应用型本科及高职高专院校大数据、云计算、人工智能等相关专业的教材，同时也可作为大数据存储技术开发人员的学习、参考及培训用书。

图书在版编目(CIP)数据

　　大数据存储技术与应用/上海德拓信息技术股份有限公司编著. —西安：西安电子科技大学出版社，2023.1

ISBN 978 - 7 - 5606 - 6687 - 7

Ⅰ. ①大…　Ⅱ. ①上…　Ⅲ. ①数据管理—高等职业教育—教材
Ⅳ. ①TP274

中国版本图书馆 CIP 数据核字(2022)第 185705 号

策　　划　戚文艳
责任编辑　戚文艳
出版发行　西安电子科技大学出版社(西安市太白南路2号)
电　　话　(029)88202421　88201467　　　邮　编　710071
网　　址　www.xduph.com　　　　电子邮箱　xdupfxb001@163.com
经　　销　新华书店
印刷单位　咸阳华盛印务有限责任公司
版　　次　2023年1月第1版　2023年1月第1次印刷
开　　本　787毫米×1092毫米　1/16　印张　11.25
字　　数　259千字
印　　数　1～3000册
定　　价　29.00元

ISBN 978 - 7 - 5606 - 6687 - 7 / TP

XDUP 6989001 - 1

＊＊＊如有印装问题可调换＊＊＊

序

人类文明的进步总是以科技的突破性成就为标志。19 世纪，蒸汽机引领世界；20 世纪，石油和电力扮演主角；21 世纪，人类进入了大数据时代，数据已然成为当今世界的基础性战略资源。

随着移动网络、云计算、物联网等新兴技术迅猛发展，全球数据呈爆炸式增长，影响深远的大数据时代已经开启大幕，正在不知不觉地改变着人们的生活和思维方式。从某种意义上说，谁能下好大数据这盘棋，谁就能在未来的竞争中占据优势掌握主动权。大数据竞争的核心是高素质大数据人才的竞争，大数据所具有的规模性、多样性、流动性和价值高等特征，决定了大数据人才必须是复合型人才，需要进行系统专业的培养。

国务院 2015 年 8 月曾印发《促进大数据发展行动纲要》，明确鼓励高校设立数据科学和数据工程相关专业，重点培养专业化数据工程师等大数据专业人才。2016 年，教育部先后设置"数据科学与大数据技术"本科专业和"大数据技术与应用"高职专业。近年来，许多高校纷纷设立了大数据专业，但其课程设置尚不完善，授课教材的选择也捉襟见肘。

由上海德拓信息技术股份有限公司联合多所高校共同开发的这套大数据系列教材，包含《大数据导论》《Python 基础与大数据应用实战》《大数据采集技术与应用》《大数据存储技术与应用》《大数据计算分析技术与应用》《大数据项目实战》等 6 本教材，每本教材都配套有电子教案、教学 PPT、实验指导书、教学视频、试题库等丰富的教学资源。每本教材既相互独立又与其他教材互相呼应，根据真实大数据应用项目开发的"采、存、析、视"等几个关键环节对应相应的教材，教材重点讲授该环节所需的专业知识和专业技能，同时通过真实项目（该环节的实战）培养读者利用大数据方法解决具体行业应用问题的能力。

本套丛书由浅入深地讲授大数据专业理论、专业技能，既包含大数据专业基础课程，也包含骨干核心课程和综合应用课程，是一套体系完整、理实结合、案例真实的大数据专业教材，非常适合作为应用型本科和高职高专院校大数据专业的教材。

上海德拓信息技术股份有限公司　董事长

谢赟

2019 年 4 月

前　　言

大数据作为继云计算、物联网之后 IT 行业又一颠覆性的技术，备受人们关注。目前，大数据技术在金融、教育、经济和工业等领域都得到了非常广泛的应用。据相关报告统计，大数据人才需求呈井喷态势，越来越多的程序员开始学习大数据技术，大数据技术已经成为程序员所需的基本技能。

为了满足大数据人才市场需求，越来越多的大数据技术书籍不断面世，包括《大数据技术原理与应用》《Hadoop 权威指南》等。然而，有关大数据存储技术的书籍并不多见。大数据存储技术具有成本低、扩展性高的特点，能够有效处理海量并构数据，解决传统存储技术所面临的建设成本高、运维复杂、扩展性有限的问题。为此，编者根据自己多年的项目实践和教学经验，编写了这本浅显易读的大数据存储技术与应用书籍。

本书以当前流行的大数据存储技术为主线，以大数据存储技术特性和实现为重点，以德拓大数据处理平台为依托，对 HBase、Hive、Stork、Teryx、Eagles、Cayman 等存储技术进行实战演练，此外，还通过真实案例分析了大数据处理过程中的数据存储技术的综合应用。本书主要内容包括大数据存储技术与应用概述、大数据分布式文件存储技术、大数据结构化数据存储技术、大数据半结构化数据存储技术、大数据非结构化数据存储技术、态势感知——舆情热点大数据平台中的数据存储技术。

本书的主要特点如下：

·理论与实践结合紧密。本书语言通俗，图文并茂，通过大量插图展示所讲理论，基于德拓大数据处理平台进行实战演练，做到理论不再抽象，实践不再盲目。

·教学案例丰富。案例设计力求创新，设计思路循序渐进，环环相扣；案例形式新颖，内容简洁清晰。

·注重立体化教材建设。通过主教材、电子课件、电子教案、实训指导、配套视频和习题等教学资源的有机结合，提高教学服务水平，为高素质技能型人才的培养创造良好条件。

本书可作为应用型本科及高职高专院校大数据、云计算、人工智能等相关专业的教材，同时也适合需要深入了解大数据存储技术的开发人员学习使用。

由于大数据存储技术发展日新月异，加之编者水平有限，书中难免存在疏漏之处，恳请广大同行、专家及读者批评指正。

编　者

2022 年 6 月

目　　录

第1章　大数据存储技术与应用概述

学习目标：
- 了解大数据的概念与特征；
- 理解大数据的处理流程；
- 掌握大数据存储关键技术；
- 熟练运用大数据存储技术。

本章重点：
- 大数据的概念与特征；
- 大数据存储架构；
- 大数据存储关键技术；
- 大数据存储技术应用。

本章主要介绍大数据的概念与特征、大数据存储架构、大数据存储关键技术及其应用。首先，从大数据的基本概念出发，阐述大数据的 5V 特征、大数据的分类与处理流程；其次，详细分析大数据的存储架构、技术路线和关键技术，并结合德拓 DANA 大数据处理平台阐述大数据存储技术的应用领域。

1.1　大数据概述

随着互联网技术的飞速发展，特别是近年来社交网络、物联网、多种传感器的广泛应用，以数量庞大、种类众多、时效性强为特征的非结构化数据不断涌现，数据的重要性愈发凸显，传统的数据存储、分析技术难以实时处理大量的非结构化信息，大数据概念应运而生。

1.1.1　大数据的概念

"大数据"作为近年来 IT 行业的热词，已经在各行各业得到广泛应用，那么到底什么是大数据？大数据能为我们带来什么价值？

在信息技术领域，大数据（Big Data）是指无法在一定时间范围内用常规软件工具进行捕捉、管理和处理的数据集合，是需要新处理模式才能具有更强的决策力、洞察发现力和流程优化能力的海量、高增长率和多样化的信息资产。

大数据技术的战略意义不在于掌握数量庞大的数据信息，而在于对这些含有意义的数据进行专业化处理。换而言之，如果把大数据比作一种产业，那么这种产业实现盈利的关键在于提高对数据的"加工能力"，通过"加工"实现数据的"增值"。

1.1.2　大数据的特征

作为数据分析的前沿技术,大数据技术是指从各种类型的数据中快速获得有价值信息的能力。理解这一点非常重要,也正是这一点使得该技术走进更多的企业,为企业探索更多的价值。业界将大数据的特征归纳为 5V,即 Volume(数据量大)、Variety(数据种类多)、Velocity(处理速度快)、Veracity(数据精度高)和 Value(价值密度低),其核心在于对海量复杂的数据进行分析处理,从而获得其中的价值。大数据的 5 个特征如图 1-1 所示。

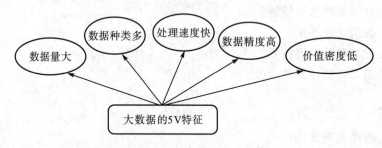

图 1-1　大数据的 5 个特征

1. 数据量大

数据量大是指大数据中的数据集是大型的,一般在 10 TB 规模左右。但在实际应用中,很多企业把多个数据集放在一起,已经形成了 PB 级的数据量。

在 19 世纪末期,人类第一次破译人体基因密码时,用了 10 年才完成了 30 亿对碱基对的排序;而在 10 年之后,世界范围内的基因仪 15 分钟就可以完成同样的工作量。进入 21 世纪,随着各种智能设备、物联网和云计算、云存储等技术的快速发展,人和物在网上的所有轨迹都可以被记录,数据因此被大量生产出来,从而形成了大数据。根据著名咨询机构 IDC(Internet Data Center)做出的估测,人类社会产生的数据一直都在以每年 50% 的速度增长,也就是说,每两年增加一倍,这被称为“大数据摩尔定律”。这意味着,人类在最近两年产生的数据量相当于之前产生的全部数据之和。数据显示,2020 年全球数据量达到了 59 ZB,与 2010 年相比,数据量增长近 60 倍。表 1-1 给出了数据存储单位之间的换算关系。

表 1-1　数据存储单位之间的换算关系

单 位	换 算 关 系
Byte(字节)	1 Byte＝8 bit
KB(Kilobyte,千字节)	1 KB＝1024 Byte
MB(Megabyte,兆字节)	1 MB＝1024 KB
GB(Gigabyte,吉字节)	1 GB＝1024 MB
TB(Trillionbyte,太字节)	1 TB＝1024 GB
PB(Petabyte,拍字节)	1 PB＝1024 TB
EB(Exabyte,艾字节)	1 EB＝1024 PB
ZB(Zettabyte,泽字节)	1 ZB＝1024 EB

2. 数据种类多

数据种类多是指大数据中的数据来自多种数据源，数据的类型和格式逐渐丰富，已打破了以前所限定的结构化数据范畴。现在的数据（大数据）包括结构化、半结构化和非结构化数据，数据类型不仅仅是文本形式，还包括图片、视频、音频、地理位置信息等多种形式，其中个性化数据占大多数。

相较于传统的业务数据，大数据存在不规则和模糊不清的特性，无法使用传统的应用软件进行分析。因此，企业面临的挑战是处理与挖掘复杂数据的价值。

3. 处理速度快

数据处理速度指的是数据被创建和移动的速度。在高速网络时代，通过基于实现软件性能优化的高速电脑处理器和服务器，创建实时数据流已成为必然趋势。企业不仅需要了解如何快速创建数据，还必须知道如何快速处理、分析数据，并将结果返回给用户，以满足他们的实时需求。

处理速度快是指在数据量非常庞大的情况下，也能够做到数据的实时处理。在未来，越来越多的数据挖掘趋于前端化，即提前感知预测并直接提供服务给所需要的对象，这也需要大数据的快速处理能力。

4. 数据精度高

数据精度高是指追求高质量的数据。随着社交数据、企业内容数据、交易与应用数据等新数据源的兴起，传统数据源的局限性被打破，企业愈发需要有效的信息以确保其真实性及安全性。

5. 价值密度低

价值密度低是指随着数据量的增长，数据中有意义的信息却没有成相应比例增长。数据价值与数据真实性和数据处理时间相关。以视频为例，一小时的视频，在不间断的监控过程中，可能有用的数据仅仅只有一两秒。

在大数据时代，很多有价值的信息都是分散在海量数据中的。以小区监控视频为例，如果没有意外事件发生，连续不断产生的数据都是没有任何价值的。但是，为了能够获得发生偷盗等意外情况时的那一段宝贵视频，我们不得不投入大量资金购买监控设备、网络设备、存储设备，耗费大量的电能和存储空间，来保存摄像头连续不断传来的监控数据。

从这些特点可以看出，大数据的价值在于如何分析这些复杂的数据，从而总结出一定的规律，最终提取出其中有用的信息。因此，对于这些数据的加工、分析、处理能力就代表了各个企业的社会竞争力。

1.1.3　大数据的分类

大数据包括结构化、半结构化和非结构化数据，如图 1-2 所示。随着云计算、物联网等新技术的兴起，大数据逐渐为人类创造出了更多的价值。

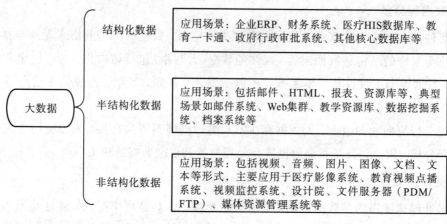

图 1-2 大数据的分类

1. 结构化数据

结构化数据可以使用关系型数据库来表示和存储，如 MySQL、Oracle、SQL Server 等，用于表现二维形式的数据。用户可以通过固有键值获取相应信息。结构化数据的存储和排列是很有规律的，这对查询和修改等操作很有帮助。但是，结构化数据的扩展性较差。

2. 半结构化数据

半结构化数据是结构化数据的一种特殊形式，可以通过灵活的键值调整来获取相应信息，其数据格式不固定，如 JSON。同一键值下存储的信息可能是数值型、文本型、字典或列表。常见的半结构化数据有 XML 和 JSON。

半结构化数据也被称为自描述结构。在半结构化数据中，同一类实体可以有不同的属性，即使它们被组合在一起，这些属性的顺序也并不重要。

例如，半结构化数据中属性的排放顺序可能是：

```
<person>
    <name>A</name>
    <age>15</age>
    <gender>female</gender>
</person>
```

也可能是：

```
<person>
    <name>B</name>
    <gender>male</gender>
</person>
```

从上述示例可以看出，属性的排放顺序并不重要，并且不同的半结构化数据的属性个数不尽相同。半结构化数据是以"树"或"图"的数据结构来存储数据的，如上例中，<person>标签是树的根节点，而<name>和<gender>标签是子节点。使用这种存储格式可以表达很多有价值的信息，并且半结构化数据的扩展性相当不错。

3. 非结构化数据

非结构化数据是与结构化数据相对的，它不能用数据库二维表来呈现，也不能通过键值对的方式来获取相应信息。非结构化数据包括全部格式的办公文档、文本、XML、HTML、报表、图片、音频、视频等。支持非结构化数据的数据库采用多值字段、变长字段机制进行数据项的创建和管理，广泛应用于全文检索和各种多媒体信息处理领域。

随着"互联网＋"的兴起和迅速发展，将会产生大量的非结构化数据，因此对非结构化数据的分析和处理变得更加重要。

1.1.4 大数据关键技术

当人们谈到大数据时，往往并非仅指数据本身，而是指数据和大数据技术这两者的综合。所谓大数据技术，是指伴随着大数据的采集、存储、分析和应用的相关技术，是使用非传统工具来对大量的结构化、半结构化和非结构化数据进行处理，从而获得分析和预测结果的一系列数据处理和分析技术。

讨论大数据技术时，需要首先了解大数据的基本处理流程。大数据的基本处理流程主要包括数据采集、存储、分析和结果呈现等环节。数据无处不在，互联网网站、政务系统、零售系统、办公系统、自动化生产系统、监控摄像头、传感器等，每时每刻都在不断产生数据。这些分散在各处的数据，需要采用相应的设备或软件进行采集。采集到的数据通常无法直接用于后续的数据分析，因为对于来源众多、类型多样的数据而言，数据缺失和语义模糊等问题是不可避免的，所以必须采取相应措施来有效解决这些问题，这就需要一个被称为"数据预处理"的过程，把数据变成一个可用的状态。数据经过预处理后，会被存放到文件系统或数据库系统中进行存储与管理，然后采用数据挖掘工具对数据进行处理与分析，最后采用可视化工具向用户呈现结果。在整个数据处理过程中，还必须注意隐私保护和数据安全问题。

因此，从数据分析全流程的角度，大数据技术主要包括数据采集与预处理、数据存储与管理、数据处理与分析、数据安全与隐私保护等几个层面的内容。表 1-2 列出了大数据技术的不同层面及其功能。

表 1-2 大数据技术的不同层面及其功能

技术层面	功能
数据采集与预处理	利用 ETL 工具将分布的、异构数据源中的数据(如关系数据、平面数据文件等)抽取到临时中间层后进行清洗、转换、集成，最后加载到数据仓库或数据集市中，成为联机分析处理、数据挖掘的基础；也可以利用日志采集工具(如 Flume、Kafka 等)把实时采集的数据作为流计算系统的输入，进行实时处理分析
数据存储与管理	利用分布式文件系统、数据仓库、关系数据库、NoSQL 数据库、云数据库等，实现对结构化、半结构化和非结构化海量数据的存储和管理
数据处理与分析	利用分布式并行编程模型和计算框架，结合机器学习和数据挖掘算法，实现对海量数据的处理和分析；对分析结果进行可视化呈现，帮助人们更好地理解数据、分析数据
数据安全与隐私保护	在从大数据中挖掘潜在的巨大商业价值和学术价值的同时，构建隐私数据保护体系和数据安全体系，有效保护个人隐私和数据安全

需要指出的是,大数据技术是多种技术的集合体,这些技术并非都是新生事物,诸如关系数据库、数据仓库、数据采集、ETL、OLAP、数据挖掘、数据隐私和安全、数据可视化等技术都是发展多年的技术,在大数据时代得到不断补充、完善、提高后又有了新的升华,也可以视为大数据技术的一个组成部分。

1.1.5　大数据处理流程

大数据处理流程主要包括数据采集、数据归一化、数据存储、数据预处理,并利用数据统计分析和数据挖掘方法进行离线运算或者实时查询等,最后对处理结果进行展示。大数据的基本处理流程如图1-3所示。

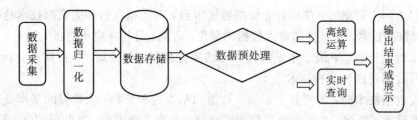

图1-3　大数据处理流程图

大数据的整个处理流程可以定义为:在合适工具的辅助下,对广泛异构的数据源进行抽取和集成,按照一定的标准进行统一存储,并利用合适的数据分析技术对存储数据进行分析,从中提取有益的知识并利用恰当的方式将结果展现给终端用户。具体来说,可以分为以下五个方面。

1. 数据采集

大数据的采集是指利用多个数据库来接收发自客户端(Web、App、传感器等)的数据,并且用户可以通过这些数据库来进行简单的查询和处理工作。比如,使用传统的关系型数据库MySQL和Oracle等来存储事务数据,除此之外,NoSQL数据库Redis和MongoDB也常用于数据采集。

2. 数据预处理

虽然采集端本身存在很多数据库,但如果要对这些海量数据进行有效的分析,则需要将这些来自前端的数据导入到一个集中的大型分布式数据库或分布式存储集群,并且可以在导入基础上做一些简单的清洗和预处理工作。Sqoop和Flume等工具可改进数据的互操作性。Sqoop的功能主要是从关系数据库导入数据到Hadoop,并可直接导入到HDFS或Hive,而Flume的设计旨在直接将流数据或日志数据导入HDFS。

3. 数据统计分析

数据统计分析是指将海量的前端数据快速导入到一个集中的大型分布式数据库或者分布式存储集群,利用分布式技术对存储于其内的海量数据进行普通的查询和分类汇总等,以此满足大多数常见的分析需求。统计与分析阶段的特点和挑战主要是导入数据量大、查询涉及的数据量大、查询请求多。目前使用最广泛的分析工具是Hadoop,其以离线分析为主。

4. 数据挖掘

与前面统计和分析过程不同的是，数据挖掘一般没有什么预先设定好的主题，主要是在现有数据上进行基于各种算法的计算，从而起到预测的效果，实现一些高级别数据分析的需求。比较典型的算法有用于聚类的 K‐Means、用于统计学习的 SVM 和用于分类的Naive Bayes，主要使用的工具有 Hadoop 的 Mahout 等。

5. 数据分析

数据处理结束后，产生的数据输出文件将被按需移至数据仓库或其他的事务型系统。获得的数据用来进行大数据分析或使用 BI 工具产生报表供使用者做出正确有利的决策，这是大数据处理技术要解决的根本问题。该阶段的特点和挑战是在具体业务背景下，如何保障业务的顺畅，有效地管理分析数据，如何针对具体业务逻辑做出决策。

1.2　大数据存储技术概述

随着数字化信息时代的到来，各行业的业务数据近年来呈几何级增加，大数据已经成为社会的研究热点。如何改进现有的数据存储与管理技术，以满足大数据应用中数据被高效及安全地长期保存、快速管理、实时调用和实时处理的需求，是大数据技术中主要应对的问题，也是大数据存储的目标所在。

本节将详细阐述大数据存储架构和大数据存储技术路线，并分析目前流行的大数据存储技术，最后介绍大数据存储发展过程中出现的几种大数据存储系统。

1.2.1　大数据存储架构

如果一个企业要利用大数据的商业价值创造利益，则必须解决以下两个问题：① 在保证成本低的条件下能够快速地对大量多类别的数据进行读取和存储；② 利用新技术对数据进行分析和挖掘，为企业创造更大的价值。存储系统是数据的载体，更是大数据基础架构中最为核心的部分。

传统的数据存储系统在性能、效率、安全等方面均不能满足信息时代下的新需求，新时代的数据处理中心需要新型的大数据处理技术来支撑。除了传统的可靠性好、冗余度高、节能节耗外，新型的数据处理中心还需具备虚拟化、模块化、自动化等一系列特征，才能满足用户对大数据的应用需求。

存储架构可以从不同方面进行划分，下面从技术和数据结构两方面进行分类。

1. 按技术分类

从技术方面，大数据存储架构可分为基于嵌入式架构的存储系统、基于 X86 架构的存储系统、基于云技术的存储系统。

1）基于嵌入式架构的存储系统

在基于嵌入式架构的存储系统中，最典型的为节点 NVR(Network Video Recorder，网络硬盘录像机)架构，其主要面向小型高清监控系统，高清前端数量一般在几十路以内。该系统建设中没有大型的存储监控中心机房，存储容量相对较小，用户体验度、系统功能集成度要求较高。市场应用层面，在超市、店铺、小型企业、政法行业中基本管理单元等领域应用较为广泛。

2）基于 X86 架构的存储系统

这种架构在接入高清前端路数方面比节点 NVR 有了较高提升，具备快捷便利的可扩展性，技术成熟。对于 SAN（Storage Area Network，存储局域网络）而言，虽然在 ISCSI（Internet Small Computer System Interface，互联网小型计算机系统接口）环节数据并发读写传输速率有所消耗，但这种架构具有存储系统扩展性好、硬件平台通用、数据可充分共享等优点，所以也吸引了很多客户。FCSAN（Fiber Channel SAN，光纤通道存储局域网络）在行业用户、封闭存储系统中应用较多，大数据量的并发读写对千兆网络交换提出了较大的挑战，但应用 FCSAN 构建相对独立的存储子系统，可以有效解决上述问题。

此外，面对视频监控系统大文件、随机读写等特点，平台 SAN 架构系统在不同存储单元之间的数据共享和数据冗余方面的性能还有待提升，主要体现在：从高性能服务器转发视频数据到存储空间的策略需要进一步优化、系统架构本身也增加了隐患故障点、ISCSI 性能瓶颈导致无法充分利用硬件的数据并发性能导致接入前端数据较少等，这些问题促使平台 SAN 架构提出了新的解决方案。该新方案在系统架构上省去了存储服务器，消除了性能瓶颈和单点故障隐患等问题，提高了存储系统的写入和检索速度，也解决了传统文件系统由于供电和网络不稳定带来的文件系统损坏等问题。

3）基于云技术的存储系统

随着视频监控的高清化和信息化，存储和管理的视频数据量越来越大，而云存储技术是突破 IP 高清监控存储瓶颈的重要手段。云存储作为一种服务，在未来安防监控行业有着非常可观的应用前景。

与传统存储设备不同，云存储不仅仅是一个硬件，更是一个由网络设备、存储设备、服务器、软件、接入网络、用户访问接口以及客户端程序等多个部分构成的复杂系统。该系统以存储设备为核心，通过应用层软件对外提供数据存储和业务访问服务。

云存储系统的结构模型由四层组成，分别是存储层、基础管理层、应用接口层和访问层，如表 1-3 所示。

表 1-3　应用层的分类

云存储系统分层	功　能　说　明
存储层	存储层是云存储系统的基础，由存储设备（满足 FC 协议、ISCSI 协议、NAS 协议等）构成
基础管理层	基础管理层是云存储系统的核心，担负着存储设备间协同工作、数据加密、分发及容灾备份等工作
应用接口层	应用接口层是系统中根据用户需求来开发的部分，根据不同的业务类型，可以开发出不同的应用服务接口
访问层	访问层指授权用户通过应用接口来登录、享受云服务

云存储的系统冗余性和安全性非常高，当在线存储系统出现故障后，热备机可以立即接替服务；当故障恢复时，服务和数据回迁；若故障机数据需要调用，则将故障机的磁盘插入到冷备机中，所有数据即可得以使用。

2. 按数据结构类型分类

根据数据结构类型的不同，大数据存储架构可分为结构化数据存储架构、半结构化数据存储架构、非结构化数据存储架构。

1）结构化数据存储架构

结构化数据可以使用关系型数据库表示和存储，主要表现形式为二维数据表。其特点是数据以行为单位，一行数据表示一个实体的各种信息，每一行数据的属性是相同的，我们采用 HBase(Hadoop Database)存储这种类型的数据。

HBase 是一个可靠性高、性能好的分布式存储系统，利用 HBase 技术可在廉价 PC 服务器上搭建起大规模结构化存储集群。HBase 的功能特性如图 1-4 所示。

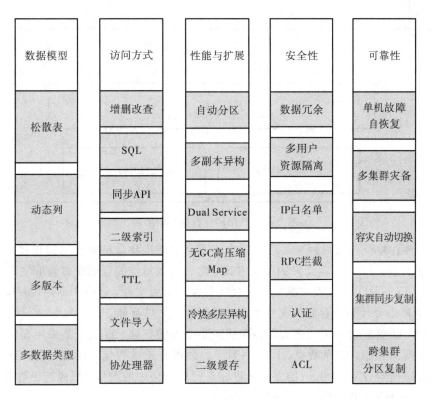

图 1-4　HBase 功能特性

2）半结构化数据存储架构

半结构化数据是结构化数据的一种形式，由于我们要对数据进行仔细的分析，因此不能将数据简单地组织成一个文件来按照非结构化数据处理。由于半结构化数据的结构变化很大，因此也不能建立一个简单的表与之对应。这里主要讨论半结构化数据存储常用的两种方式，如图 1-5 所示。

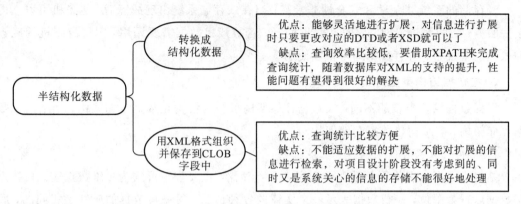

图 1-5 半结构化数据存储方式

3）非结构化数据存储架构

图 1-6 描述了非结构化数据存储架构的基本组成，包括文件存取统一接口、Hadoop HDFS 和 HBase。

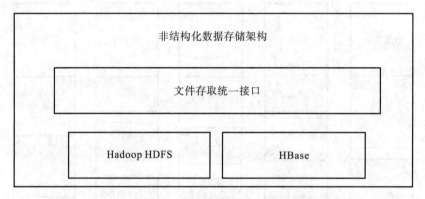

图 1-6 非结构化数据存储架构

（1）文件存取统一接口封装了对数据中心所有非结构化数据的读写操作接口。文件读取时，通过识别 URL，确定文件的存储方式，然后找到对应的存储接口获取文件。

（2）Hadoop HDFS 以流式数据访问模式来存储超大文件，运行于商用硬件集群上，是管理网络中跨多台计算机存储的文件系统，适用于大文件存储。

（3）HBase 是通过维护一张文件表完成对小文件的存储。HBase 是采用面向列的存储模型，按列簇来存储和处理数据，即同一列簇的数据会连续存储，HBase 在存储每个列簇时，一般以键值对（Key-Value）的方式来存储每行单元格中的数据，形成若干数据块，然后把文件保存到 HFile 中，最后保存到 HDFS 上。

1.2.2 大数据存储技术路线

大数据的存储是先建立相应的数据库，再利用存储器把采集到的数据存储起来，在需要使用的时候直接调用即可。典型的大数据存储技术路线主要有三种。

1. 基于 MPP 架构的新型数据库集群

基于 MPP（Massively Parallel Processing，大规模并行处理）架构的新型数据库集群，是采用 Shared Nothing 架构，结合 MPP 架构高效的分布式计算模式，通过列存储、粗粒度索引等多项大数据处理技术，重点面向行业大数据所展开的数据存储方式，具有低成本、高性能、高扩展性等特点，在企业分析类应用领域有着极其广泛的应用。典型的 MPP 架构如图 1-7 所示。

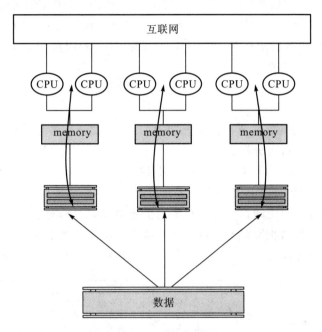

图 1-7　MPP 架构图

基于 MPP 架构的新型数据库集群可以有效支撑 PB 级别的结构化数据分析，这是传统数据库技术所不能达到的。目前企业的大数据分析和处理的最佳选择就是 MPP 数据库。

2. 基于 Hadoop 的技术扩展和封装

基于 Hadoop 的技术扩展和封装，是针对传统的关系型数据库不能或者很难处理的情况（比如对半结构化数据的存储和处理等），合理利用 Hadoop 的开源优势，再借助其他数据分析技术，高效、快捷地对其进行存储、分析。

随着 Hadoop 技术的广泛推广和应用，目前最为典型的应用就是通过扩展和封装 Hadoop 来实现对互联网大数据的存储、分析。对于非结构和半结构化数据的处理、繁复的 ETL 流程、难以进行的数据挖掘，Hadoop 平台都处理得很好。

3. 大数据一体机

大数据一体机是专为大数据的分析处理而设计的软、硬件结合的产品，它由一组集成的服务器、存储设备、操作系统、数据库管理系统以及为数据查询、处理、分析而预先安装的软件组成，高性能的大数据一体机具有良好的稳定性和扩展性。

1.2.3 大数据存储关键技术

大量的数据信息中蕴藏着巨大的商业价值，因此，采取恰当的手段管理数据，对个人、企业、社会甚至国家的发展都是非常有利的。所以在信息社会时代，大量数据的高效存储和处理显得尤为重要，其中数据存储是数据处理、分析、使用的基础，也是最为关键的一步。

大数据存储的关键技术包括 HDFS、HBase、Hive、Redis、MongoDB 等。

（1）HDFS。HDFS 的全称是分布式文件系统（Hadoop Distributed File System），它是适合运行在通用硬件上的分布式文件系统。

（2）HBase。HBase（Hadoop Database）是一个高可靠性、高性能、面向列、可伸缩的分布式存储系统。

（3）Hive。Hive 构建在基于静态批处理的 Hadoop 之上，最佳使用场合是大数据集的批处理作业，例如网络日志分析。

（4）Redis。Redis 是一个 Key-Value 存储系统。

（5）MongoDB。MongoDB 是一个基于分布式文件存储的数据库。

其中，分布式存储与访问是大数据存储的关键技术，它具有经济、高效、容错好等特点。分布式存储技术与数据存储介质的类型和数据的组织管理形式直接相关，不同的存储介质和组织管理形式对应于不同的大数据特征和应用特点，如图 1-8 所示。

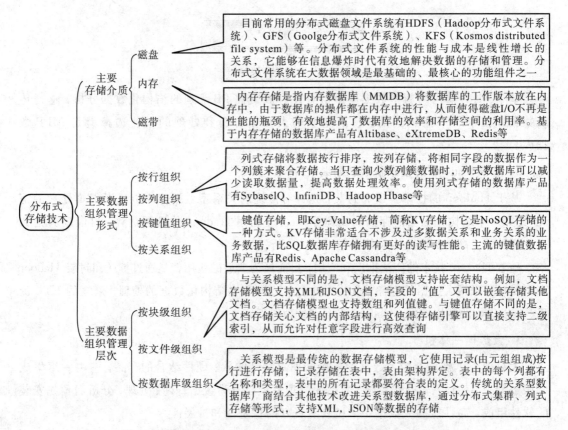

图 1-8 分布式存储技术与存储介质及数据组织管理形式的关系

1.2.4　大数据存储系统

对于大数据的存储和管理，因为原始数据的来源不一，所以数据的类型也不统一，这会使得标准的存储丧失可行性，并且随着数据的不断增长，存储系统的性能也会逐渐下降，无法跟上数据增长的脚步。

大数据存储和管理发展过程中出现了分布式文件存储、NoSQL 数据库和 NewSQL 数据库。

1. 分布式文件存储

分布式文件存储在解决问题时是将一个大问题化解为多个小任务，再将这些任务分配给相应的多个处理器进行并行处理，这样就提高了完成任务的效率。但是，分布式文件存储容错性较差，弹性也不好。

分布式文件系统能够支持多台主机通过网络同时访问共享文件和存储目录，大部分采用了关系数据模型并且支持 SQL 语句查询。为了能够并行执行 SQL 的查询操作，系统中采用了两个关键技术：关系表的水平划分和 SQL 查询的分区执行。

水平划分的主要思想是根据某种策略将关系表中的元组分布到集群中的不同节点上，由于这些节点上的表结构是一致的，因此便可以对元组进行并行处理。在分区存储关系表中处理 SQL 查询需要使用基于分区的执行策略。

2. NoSQL 数据库

传统关系型数据库在数据密集型应用方面效果不好，主要缺点是不灵活、扩展性差、性能不好等。而 NoSQL 数据库的设计思想与传统关系型数据库管理系统的思想不一样，在灵活性、扩展性、性能方面提出了新的解决方案。NoSQL 数据库的数据模式不固定，并且扩展性好，能够处理大量数据。相对于关系型数据库而言，NoSQL 的查询语言不是 SQL，这是 NoSQL 数据库与关系型数据库最主要的不同点。NoSQL 数据库的主要优点有：避免了不必要的复杂性、高吞吐量、高水平扩展能力和低端硬件集群、对象-关系映射成本低。

3. NewSQL 数据库

NewSQL 数据库是对各种新的可扩展、高性能数据库的简称。它采用了不同的设计方式，取消了耗费资源的缓冲池，摒弃了单线程服务的锁机制，通过使用冗余机器来实现复制和故障恢复，取代了原有的昂贵的恢复操作。这种可扩展、高性能的 SQL 数据库被称为 NewSQL，其中"New"用来表明与传统关系型数据库系统的区别。NewSQL 数据库的特点是：拥有关系型数据库产品和服务，同时也有关系模型的优势；关系数据库的性能较高，解决了水平扩展的问题。

1.3　大数据存储技术应用

随着大数据产业快速发展和大数据技术在工业、能源、医疗、金融、电信、交通等行业的广泛应用，大数据存储技术在整个大数据系统中的地位日益突出，甚至可直接影响整个大数据系统的性能表现。下面以医疗大数据、智慧国土大数据、能源电力大数据为例，解读大数据存储技术的应用。

1.3.1　智能大数据处理平台

DANA 智能大数据处理平台是德拓公司面向开发者、数据管理者、数据应用者提供的一站式大数据开发、管理平台，平台以"数据智能"为目标，着眼于"数据是谁""数据从哪里来""数据到哪里去"三个基本问题，提供大数据基础开发平台，让用户更好地应用和组织数据，为开发者和公司提供更加容易运营、开发、部署应用的环境，用户也不再需要关心和管理私有云的基础设施，包括网络、存储、服务器、开发服务等。

1. 数据集成

DANA 平台提供数据库、文件、日志、网页、实时流数据的抽取、清洗、转换方案。不管是数据库里的传统业务数据，还是网页数据，甚至是文档、图片、音视频等非结构化数据，都可以用 Crab 分布式数据集成引擎进行智能收集，并支持数据源的过滤、匹配。整个平台可集网络爬虫、ETL、文件采集、邮件采集等功能于一身。

2. 数据库服务

DANA 平台提供大数据时代稳定可靠、可弹性伸缩的数据库服务，包括关系型业务分析数据库 Stock、内存分析型数据库 Lemur 和分布式数据库 Teryx 等。

Stock 数据库引擎根据不同业务开发对各类数据库的需求，提供便捷统一的数据库管理、使用、监控、运维等服务。

Lemur 是基于内存存储的高性能结构化数据库，支持标准 SQL 语法，可提供每秒百万级别的交互事务，更可提供高效的实时数据分析能力。面对大数据业务，可通过在线横向扩展来提高大数据的处理和分析能力，能带来更快捷、高效、实时的数据体验。

Teryx 可帮助构建 PB 级别的分布式 OLAP 数据仓库，支持行式、列式、外部存储等多种数据存储形态，提供 MPP 海量并行查询处理框架与服务。

3. 存储服务

DANA 平台的存储服务是集文化、块和对象存储在内的统一存储。其中，Fox 文件系统提供无限扩展、NAS 协议标准文件存储服务；Boa 块存储提供高性能、高可靠的块级随机存储；Cayman 非结构数据仓库提供私有对象存储和高效率的非结构化数据管理。

4. 大数据处理服务

DANA 平台提供丰富和强大的数据处理服务引擎，例如：

（1）Eagles 实时搜索与分析引擎可实现海量实时在线快速搜索和准确分析服务；

（2）Phoenix 消息中间件具有低延时、高性能的特点，可轻松应对海量消息的发送和接收，服务于大数据领域中的数据管道、日志服务、流处理数据中心等应用方案；

（3）Dodo 调度引擎以接流程自动调用组件的形式帮助处理分布式任务的调度、执行和监控；

（4）Mustang 实时流计算引擎基于 Spark Streaming 实时流计算框架，可满足所有对实时性要求高的流计算应用场景和系统需求；

（5）Leopard 智能媒体数据处理引擎针对海量文档、图片、音视频等数据进行有效快速处理。

1.3.2　医疗大数据融合平台

随着大数据在互联网、电子商务、公共服务等行业的成功应用，医疗卫生行业也迎来了自己的"大数据时代"。目前，医疗卫生系统的信息化日趋成熟，但随着省级医院与基层、公共卫生机构之间数据共享和互联互通建设的推进，数据数量的增加、数据所需处理速度的提高、数据类型和标准的多样化、系统之间的数据孤岛等问题逐渐显现。为更好地提供更全面的医疗卫生信息服务，德拓信息公司结合医疗大数据的前沿方向及多个行业的大数据项目经验，为医疗卫生中心建设了医疗大数据融合平台。

医疗大数据融合平台以建设统一的医疗数据资源池为基础，利用德拓 DANA 大数据处理平台，实现医院各类数据的挖掘分析及数据应用服务的高效部署，整个平台采用先进的分布式处理架构，利用超融合架构节点组成硬件资源池，集存储、网络、计算等资源于一体，并支持安全策略和虚拟化部署。

平台整合各方数据资源，可提供统一的数据资源池，实现高效的数据共享和数据交换。同时，通过大数据平台可实现深度数据挖掘，提供数据分析和展示。医疗大数据平台可帮助医院实现如下几个方面的成果和业务价值。

（1）数据孤岛打通。在不影响原有系统正常使用的情况下，实现对各系统数据融合，满足各系统数据开放需求，打通系统间数据交换。

（2）患者健康档案构建。综合各业务系统单个患者数据、同类型患者数据，构建患者健康档案，通过数据融合平台实现"居民健康数据精准统计，疾病正确预测"。

（3）医务人员绩效管理。通过对医疗质量监测、患者满意度数据采集及患者复查等数据进行关联分析，解决"医务人员医疗质量、效率、效能监测"等问题。

（4）全面数据分析。通过综合分析，计算区域疾病发展趋势、患者就诊情况和患者就诊数据跟踪，解决"医疗科研数据支撑、医疗资源配比"等问题。

（5）高效决策支持。综合分析医院收入、药占比、医保数据、床位统计等数据，并采取相应的业务资源优化行动，解决社会高度关注的"看病难、排队难、收费乱"等问题。

1.3.3　智慧国土大数据融合平台

各级国土部门在国家省、市、县等基础上，已经基本建成以全国遥感建设一张图，综合监管平台、公共服务平台为主题的国土资源信息化框架，积累了海量的国土、人事、事件、财务等数据。当前，需要在现有数据基础上，利用超融合、云计算等技术，解决数据计算和存储的问题，实现国土信息由传统的以业务需求建设为主转向以数据驱动为民众带来更优化服务体验为主的目标。

国土大数据融合平台采用德拓超融合技术架构及 DANA 大数据处理平台搭建，以国土规划各种信息资源的最大化整合、共享和利用为核心，以"一张图"和政务办公、综合监管、公众服务、地理云服务为基础，利用云计算、大数据等方法，统筹整合大数据业务应用与服务体系，实现基础设施资源、数据资源、业务应用与服务一体化的国土规划应用。

智慧国土大数据融合平台的建设，不仅解决了客户国土资源信息相关数据的存储、共享和处理等基础性问题，而且适应统一管理、分布存储、按需汇聚、关联分析等应用需求，其主要应用价值如下。

（1）数据被放到"云"上之后，打破了过去各自分割的数据存储，可实现数据共享开放；通过分布式集群可实现底层架构无限扩张；通过多副本机制可确保数据安全可靠。

（2）将传统的结构型国土数据与非结构型的物联网、互联网、人口、社管、教育、税收、气象等数据相结合，将静态数据和动态的视频数据、手机信令数据相融合，可解决因业务口径不同而产生的数据标准不统一、类型不匹配、格式不一致、语义不一致等问题。

（3）从各个环节、各个维度进行记录、管控、分析，可实现人、土地、市场以及权力的耦合关联，形成"追踪人、追踪事、追踪权力"的三把锁，完善国土制度和国土各科室行政工作改革。

（4）通过国土及其相关的海量数据分析，可让数据分析成为决策的第一手科学依据，形成能够直接为国土供给侧改革、土地集约节约利用、灾害预测等热门问题的科学研究与相关社会经济活动所利用的直接数据，为国土管理政策制定和城市社会经济发展提供科学有效的服务。

1.3.4　能源电力大数据融合平台

电力大数据是能源变革中电力工业技术革新的必然过程，而不是简单的技术范畴。电力大数据不仅仅是技术进步，更是涉及整个电力系统在大数据时代下发展理念、管理体制和技术路线等方面的重大变革，是下一代智能化电力系统在大数据时代下价值形态的跃升。重塑电力核心价值和转变电力发展方式是电力大数据的两条核心主线。

然而，电力数据体量大、类型多、价值密度低，如何最大限度挖掘数据价值，实现节能减排是电力行业亟待解决的问题之一。同时，智能电网中存在大量的非结构化和半结构化数据，如何将这些数据转化为一个结构化的格式，从而更好地对设备进行生命周期分析，提高设备的使用效率，并建设预测性设备维护模型也是电力行业面临的棘手问题。

针对电力行业存在的问题，可以建设一套能源电力大数据融合平台，该平台包含多个业务能力模块：变电站的运维分析系统、智能电网信息系统、电力企业人员档案分析系统等。通过整合电力企业的 DCS、SIS、ERP、变电站传感器、视频监控系统等多套业务数据，进行融合处理，可建立统一的大数据资源平台。

通过电力大数据融合平台的建设，可以最大限度地发挥数据的价值，提升生产集约化和管理现代化水平，以及智能电网的信息化水平。依靠分布式存储和计算平台的高速处理和及时响应，可进一步增强操作控制的自动化能力；借助高吞吐、大并发的处理能力，可进一步提升用电服务的互动化水平，提供更优质的服务。

本 章 小 结

本章从大数据的基本概念出发，阐述了大数据的 5V 特征、大数据的分类与处理流程。针对大数据存储存在的问题，详细阐述了大数据存储架构、技术路线、关键技术，并结合德拓大数据处理平台讲解了大数据存储技术的应用领域。

课 后 作 业

一、名词解释

1. 什么是大数据？

2. 什么是 HDFS？

3. 什么是 MongoDB？

4. 什么是分布式存储？

5. 什么是非结构化数据？

二、简答题

1. 请说明什么是大数据？大数据的 5V 特征是什么？

2. 请简述大数据的处理流程。

3. 大数据存储的关键技术有哪些？

4. 请简述 HBase 分布式存储系统的优点。

5. 请简要说明大数据存储技术在各行业中的应用。

第 2 章　大数据分布式文件存储技术

学习目标:
- 了解分布式文件系统;
- 掌握 HDFS 特点、架构和存储原理;
- 掌握 HDFS Shell 命令;
- 熟练运用大数据分布式文件存储技术。

本章重点:
- HDFS 特点和体系架构;
- HDFS 存储原理和读写策略;
- HDFS Shell 命令;
- 大数据分布式文件存储技术应用。

本章从集群的定义和关键特性出发,阐述分布式文件系统的基本概念和结构,着重讲解 HDFS 的概念与特点、体系架构和存储原理,并介绍 HDFS 的基本操作。最后,详细分析 3 个大数据分布式文件存储技术的应用实例。

2.1　分布式文件系统概述

在传统的计算机系统内部,数据的管理、存储由文件系统来完成。在大数据时代,可以获取的数据呈指数增长,单纯通过增加硬盘个数来扩展文件系统存储容量的方式,在容量大小、容量增长速度、数据备份、数据安全等方面的表现都不尽如人意,而分布式文件系统(Distributed File System, DFS)可以有效解决这一难题。

2.1.1　计算机集群结构

分布式是一种工作方式,强调差异性,即将整个项目拆分为多个子项目,每个子项目只负责分配给自己的功能。分布式这个概念可以应用在某个集群里面,某个集群也可作为分布式概念的一个节点,分布式是相对中心化而言,强调的是任务在多个物理隔离的节点上执行。中心化带来的主要问题是可靠性,若中心节点宕机则整个系统不可用;分布式除了解决部分中心化问题,也倾向于分散负载,但分布式会带来很多的其他问题,最主要的就是一致性。

从传统意义上来说,集群(Cluster)就是一组计算机,它们作为一个整体向用户提供一组网络资源,如图 2-1 所示,其中单个计算机就是集群的节点。

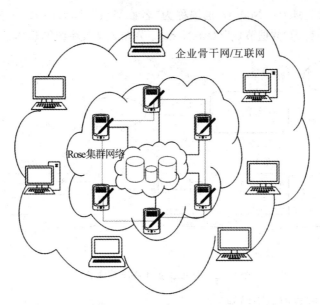

图 2-1　计算机集群基本结构

　　在大数据环境中，集群是逻辑上处理同一任务的分布式机器集合，可以属于同一机房，也可以分属不同的机房。集群属于物理形态的拓展，是将同一个业务部署在多个服务器上，使得多个服务器做同样的事情。集群一般是物理集中、统一管理的运作模式，强调任务的统一性，处理效率比单机有提升，处理时间基本无变化，大规模集群相较于普通集群主要是吞吐量的差距。

　　集群具有以下能够有针对性地解决大数据平台中数据存储和管理问题的关键特性。

　　（1）可扩展性。集群的性能不限于单一的服务实体，新的服务实体可以动态地加入集群，从而增强集群的性能。

　　（2）高可用性。集群通过服务实体冗余使客户端不致轻易遭遇到"out of service"警告。当一台节点服务器发生故障的时候，这台服务器上所运行的应用程序将在另一节点服务器上被自动接管。消除单点故障对于增强数据可用性、可达性和可靠性是非常重要的。

　　（3）负载均衡。负载均衡能把任务比较均匀地分布到集群环境下的计算和网络资源，以便提高数据吞吐量。

　　（4）错误恢复。如果集群中的某一台服务器由于故障或者维护需要而无法使用，资源和应用程序将转移到可用的集群节点上。这种由于某个节点中的资源不能工作，另一个可用节点中的资源能够透明地接管并继续完成任务的过程叫做错误恢复。

2.1.2　分布式文件系统结构

　　分布式文件系统是一种通过网络实现文件在多台主机上进行分布式存储的文件系统，采用客户机/服务器模式实现文件系统数据访问。用户在使用分布式文件系统时，无需关心数据是存储在哪个节点上或是从哪个节点上获取的，只需像使用本地文件系统一样管理和存储分布式文件系统中的数据。

　　分布式文件系统在物理结构上是由计算机集群中的多个节点构成的，这些节点分为两类：一类叫"主节点"(Master Node)，也被称为"名称节点"(NameNode)；另一类叫"从节点"(Slave Node)，也被称为"数据节点"(DataNode)。分布式文件系统的整体结构如图 2-2 所示。

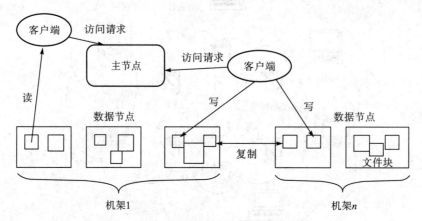

图 2-2　分布式文件系统整体结构

分布式文件系统具有以下特点：

(1) 可以组建包含大量廉价服务器的海量存储系统；

(2) 通过内部的冗余复制，保证文件的可用性，在海量存储系统中，容错能力非常重要；

(3) 可扩展性强，增加存储节点和追踪器都比较容易；

(4) 在多个文件副本之间就进行负载均衡，可以通过横向扩展来确保性能的提升。

分布式文件系统是针对大数据存储而设计的，处理过小的文件难以发挥其优势，反而可能影响系统的整体性能。

2.2　HDFS 存储技术

HDFS(Hadoop Distributed File System，Hadoop 分布式文件系统)是 Hadoop 应用中必不可少的一个分布式文件系统，它将海量数据分布存储在大集群的多台计算机上，把文件进行分块存储，为实现容错自动进行分块复制。

本节主要介绍 HDFS 的基本概念和特点，着重讲解 HDFS 的体系架构，并对 HDFS 的存储原理和读写策略进行详细阐述。

2.2.1　HDFS 的概念和特点

HDFS 是 Hadoop 项目的核心子项目，是分布式计算中数据存储管理的基础，是基于流数据模式访问和处理超大文件的需求而开发的，可以运行于廉价的商用服务器上。它所具有的高容错、高可靠性、高可扩展性、高获得性、高吞吐率等特征为海量数据提供了不怕故障的存储，为超大数据集的应用处理带来了很多便利。HDFS 具有如下几个方面的特点。

1. 简单一致性

对 HDFS 的大部分应用都是一次写入多次读取(只能有一个 writer，可以有多个 reader)，如搜索引擎程序，一个文件写入后就不能修改。因此写入 HDFS 的文件不能修改或编辑，如果一定要进行这样的操作，只能在 HDFS 外修改后再上传。

2. 故障检测和自动恢复

企业级的 HDFS 文件由数百甚至上千个节点组成，而这些节点往往是一些廉价的硬件，这样故障就成了常态。HDFS 具有容错性，能够自动检测故障并迅速恢复，因此用户察觉不到明显的中断。

3. 大文件存储

由于更高的访问吞吐量，HDFS 支持 GB 级甚至 TB 级的文件存储。但如果存储大量小文件的话，对主节点的内存影响会很大。

4. 流式文件访问

HDFS 采用一次写入、多次读取策略。文件一旦写入不能修改，只能追加，从而保证了数据的一致性。

5. 数据完整性

由于存储设备错误、网络错误或软件问题，从某个数据节点上获取的数据块有可能是损坏的。HDFS 客户端软件实现了对 HDFS 文件内容的校验和检查，当客户端创建一个新的 HDFS 文件时，会计算这个文件每个数据块的校验和，并将校验和作为一个单独的隐藏文件保存在同一个 HDFS 命名空间下。当客户端获取到文件内容后，会对此节点获取的数据与相应文件中的校验和进行匹配。如果不匹配，客户端可以选择从其余节点获取该数据块进行复制。

2.2.2　HDFS 体系架构

HDFS 是一个典型的主从架构，一个主节点（亦称"名称节点"）负责系统命名空间的管理、客户端文件操作的控制和存储任务的管理分配，多个从节点（亦称"数据节点"）提供真实文件数据的物理支持。HDFS 体系架构如图 2-3 所示。

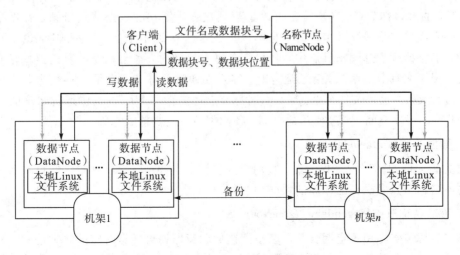

图 2-3　HDFS 体系架构

1. 数据块(Block)

每个磁盘都有默认的数据块大小,这是磁盘进行数据读/写的最小单位。构建于单个磁盘之上的文件系统通过磁盘块来管理该文件系统中的块,该文件系统块的大小可以是磁盘块的整数倍。文件系统块一般为几千字节,而磁盘块一般为512字节。这些信息(文件系统块大小)对于需要读/写文件的文件系统用户来说是透明的。尽管如此,系统仍然提供了一些工具(如 df 和 fsck)来维护文件系统,由它们对文件系统中的块进行操作。

HDFS 同样也有块的概念,但是大得多,默认为 128 MB。与单一磁盘上的文件系统相似,HDFS 上的文件也被划分为块大小的多个分块(Chunk),作为独立的存储单元。但与面向单一磁盘的文件系统不同的是,HDFS 中小于一个块大小的文件不会占据整个块的空间(例如,当一个 1 MB 的文件存储在一个 128 MB 的块中时,文件只使用 1 MB 的磁盘空间,而不是 128 MB)。

2. 名称节点(NameNode)

HDFS 集群有两种节点,以管理者-工作者的模式运行,即一个名称节点(管理者)和多个数据节点(工作者)。名称节点管理文件系统的命名空间,它维护着这个文件系统树及这个树内所有的文件和索引目录,这些信息以命名空间镜像和编辑日志两种形式将文件永久保存在本地磁盘上。名称节点也记录着每个文件的每个块所在的数据节点,但它并不永久保存块的位置,因为这些信息会在系统启动时由数据节点重建。

名称节点是 HDFS 主从结构中主节点上运行的主要进程,它指导主从结构中的从节点。名称节点是 HDFS 的"书记员",维护着整个文件系统的文件目录树、文件/目录的元信息和文件的数据块索引,即每个文件对应的数据块列表(后面的讨论中,上述关系也称名称节点第一关系)。这些信息以两种形式存储在本地文件系统中:一种是命名空间镜像(File System Image,FSImage,也称文件系统镜像);另一种是命名空间镜像的编辑日志(Edit Log)。

命名空间镜像保存着某一特定时刻 HDFS 的目录树、元信息和数据块索引等信息,对这些信息的后续改动,则保存在编辑日志中,它们一起提供了一个完整的名称节点第一关系。同时,通过名称节点,客户端还可以了解到数据块所在的数据节点信息。需要注意的是,名称节点中与数据节点相关的信息不保留在名称节点的本地文件系统中,也就是上面提到的命名空间镜像和编辑日志中,名称节点每次启动时,都会动态地重建这些信息,这些信息构成了名称节点第二关系。运行时,客户端通过名称节点获取上述信息,然后和数据节点进行交互,读写文件数据。另外,名称节点还能获取 HDFS 整体运行状态的一些信息,如系统的可用空间、已经使用的空间、各数据节点的当前状态等。

3. 数据节点(DataNode)

数据节点是 HDFS 的工作节点,被用户或名称节点调用时存储并提供定位块服务,并且定时向名称节点发送自己存储的块的列表。

4. 第二名称节点(Secondary NameNode,SNN)

第二名称节点是用于定期合并命名空间镜像和镜像编辑日志的辅助守护进程。和名称节点一样,每个集群都有一个第二名称节点,在大规模部署的条件下,一般第二名称节点也独自占用一台服务器,它会保存合并后的命名空间镜像的副本,在名称节点失效后就可以使用。

第二名称节点和名称节点的区别在于：它不接收或记录 HDFS 的任何实时变化，而只是根据集群配置的时间间隔，不停地获取 HDFS 某一个时间点的命名空间镜像和镜像的编辑日志，合并得到一个新的命名空间镜像。该新镜像会上传到名称节点，替换原有的命名空间镜像，并清空上述日志。应该说，第二名称节点配合名称节点，为名称节点上的名称节点第一关系提供了一个简单的检查点（Checkpoint）机制，以避免出现编辑日志过大，导致名称节点启动时间过长的问题。

2.2.3 HDFS 存储原理

HDFS 作为一个文件系统，主要的作用就是对数据进行存储，在这个过程中需要考虑数据的冗余备份和读写操作，同时，还要考虑系统故障时数据的恢复机制。因此，HDFS 的存储原理主要包含数据的冗余存储、存取策略、数据错误与恢复。

1. 冗余存储

作为一个分布式文件系统，为了保证系统的容错性和可用性，HDFS 采用了多副本方式对数据进行冗余存储，通常一个数据块的多个副本会被分布到不同的数据节点上，如图 2-4 所示，数据块 1 被分别存放到数据节点 A 和 C 上，数据块 2 被存放在数据节点 A 和 B 上。这种多副本方式具有以下几个优点：

（1）加快数据传输速度；

（2）容易检查数据错误；

（3）保证数据可靠性。

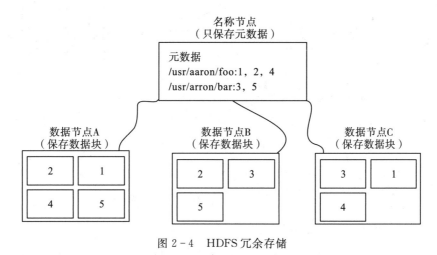

图 2-4 HDFS 冗余存储

2. 存取策略

1）数据存储策略

图 2-5 详细阐述了数据块副本的存储策略，具体描述如下。

（1）第一个副本（Block1）：放置在上传文件的数据节点。如果是集群外提交，则随机挑选一台磁盘不太满、CPU 不太忙的节点。

（2）第二个副本（Block2）：放置在与第一个副本不同机架的节点上。

（3）第三个副本（Block3）：放置在与第一个副本相同机架的其他节点上。

（4）更多副本：放置在随机节点上。

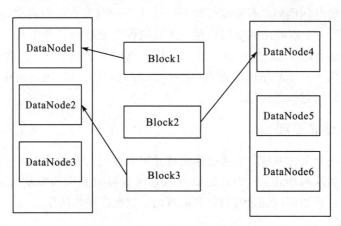

图 2-5　数据存储策略

2）数据读写策略

HDFS 的读写策略为"一次写入，多次读取"。HDFS 读数据的过程如图 2-6 所示。客户端发起文件读取请求，向 NameNode 发送请求（当然还有第二个 NameNode），由于 NameNode 存放着 DataNode 的信息，比如说数据块的存放信息等，所以 NameNode 会向客户端返回元数据，这些元数据包含了数据块的信息等。客户端得到元数据后直接去读取数据块，实现了文件的读取。

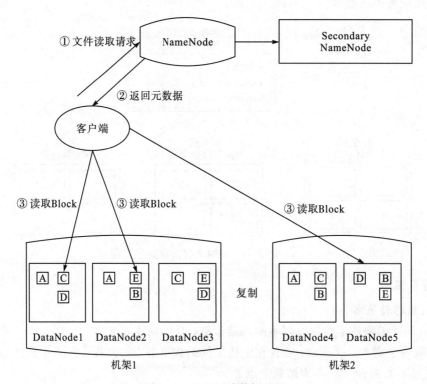

图 2-6　HDFS 读数据过程

　　HDFS 写数据的过程如图 2-7 所示。客户端得到文件后将文件进行分块，这些分块的数据信息会写入 NameNode，同时复制到 Secondary NameNode，然后 NameNode 会告诉客户端 DataNode 的情况（如：该如何写、哪个数据块放在哪里等）。客户端得到这些信息后就向 DataNode 开始写数据（以数据块的格式），然后 DataNode 会以流水线方式复制以保证数据有 3 份，这些操作完成之后会把 DataNode 的最新信息反馈到 NameNode。

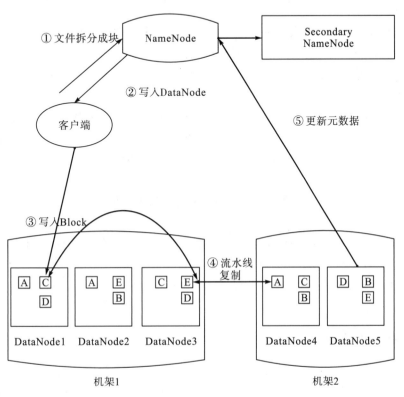

图 2-7　HDFS 写数据过程

3. 数据错误与恢复

　　HDFS 具有较高的容错性，可以兼容廉价的硬件，它把硬件出错视为一种常态，并设计了相应的机制检测数据错误和进行自动恢复，主要包括以下几种情形：名称节点出错、数据节点出错和数据出错。

　　1）名称节点出错

　　名称节点保存了所有的元数据信息，其中，最核心的两大数据结构是 FSImage 和 Edit Log。如果这两个文件发生损坏，那么整个 HDFS 实例将失效。因此，HDFS 设置了备份机制，把这些核心文件同步复制到备份服务器 Secondary NameNode 上。当名称节点出错时，就可以根据备份服务器 Secondary NameNode 中的 FSImage 和 Edit Log 数据进行恢复。

　　2）数据节点出错

　　每个数据节点会定期向名称节点发送"心跳"信息，向名称节点报告自己的状态。

　　当数据节点发生故障，或者网络发生断网时，名称节点就无法收到来自一些数据节点的"心跳"信息，这时，这些数据节点就会被标记为"宕机"，节点上面的所有数据都会被标记为"不可读",名称节点不会再给它们发送任何 I/O 请求。这时,有可能出现一种情形,即由于一些数据节点的不可用,会导致一些数据块的副本数量小于冗余因子。名称节点会定期检查这种情况,一旦发现某个数据块的副本数量小于冗余因子,就会启动数据冗余复制,为它生成新的副本。

HDFS 和其他分布式文件系统的最大区别就是可以调整冗余数据的位置。

3)数据出错

网络传输和磁盘错误等因素都会造成数据错误。客户端在读取到数据后,会采用 md5 和 sha1 对数据块进行校验,以确定读取到正确的数据。

在文件被创建时,客户端就会对每一个文件块进行信息摘录,并把这些信息写入到同一个路径的隐藏文件里面。

当客户端读取文件的时候,会先读取该信息文件,然后,利用该信息文件对每个读取的数据块进行校验,如果校验出错,客户端就会请求到另外一个数据节点读取该文件块,并且向名称节点报告这个文件块有错误,名称节点会定期检查并且重新复制这个块。

2.3 HDFS 基本操作

Hadoop 提供了关于 HDFS 在 Linux 操作系统上进行文件操作的常用 Shell 命令,同时还可以利用 Web 界面查看和管理 Hadoop 文件系统。

本节主要讲解 HDFS 的安装与配置、HDFS Shell 命令操作文件系统及利用 Web 界面管理 HDFS。

2.3.1 HDFS 的安装与配置

HDFS 是 Hadoop 自带的分布式文件系统,所以 HDFS 的安装与配置是以 Hadoop 安装为前提的。下面采用虚拟机搭建 Hadoop 完全分布式集群,该集群包含 4 个节点,其中 1 个节点部署为主节点,其它 3 个节点为从节点。Linux 操作系统版本是 CentOS 7.4,Java 版本是 1.8.0-101,Hadoop 版本是 2.9.2。具体安装与配置步骤如下。

(1)安装 CentOS 7.4 系统(最小化安装)。

(2)安装与验证 Java。进入/usr 目录,下载 JDK 的 rpm 安装包,这里以 jdk-8u101-linux-x64. rpm 为例进行说明。下载地址为:http://www. oracle. com/technetwork/java/javase/downloads/index. html。

使用 chmod 命令为 JDK 安装包赋予运行权限,并执行安装命令:

```
chmod 755 jdk-8u101-linux-x64. rpm
rpm -ivh jdk-8u101-linux-x64. rpm
```

安装完成后,验证已安装的 Java 是否成功。其命令如下:

```
java-version
java version "1. 8. 0_101"
Java(TM) SE Runtime Environment (build 1. 8. 0_101 - b13)
Java HotSpot(TM) 64 - Bit Server VM (build 25. 161 - b13, mixed mode)
```

（3）创建 Hadoop 目录。将 hadoop-2.9.2.tar.gz 拷贝到 Hadoop 目录下解压。命令如下：

```
mkdir /usr/local/hadoop
tar-zxvf hadoop-2.9.2.tar.gz
```

（4）配置 Hadoop 环境变量。分别配置/usr/local/hadoop/hadoop-2.9.2/etc/hadoop/hadoop-env.sh 文件和/etc/profile 文件的 Java 环境变量和 Hadoop 环境变量，并使用 source 命令。其命令如下：

```
vi etc/hadoop/hadoop-env.sh
export JAVA_HOME=/usr/java/jdk1.8.0_101


vi /etc/profile
export HADOOP_HOME=/usr/local/Hadoop/Hadoop-2.9.2
export PATH=$PATH：$PATH：$HADOOP_HOME/bin：$HADOOP_HOME/sbin


source /etc/profile
```

（5）测试环境变量是否生效。使用 hadoop version 命令验证 Hadoop 环境变量是否生效。出现版本信息，说明 Hadoop 安装成功。其命令如下：

```
hadoop version
Hadoop 2.9.2
Subversion https://git-wip-us.apache.org/repos/asf/hadoop.git-r 826afbeae31ca687bc2f8471dc8
41b66ed2c6704
Compiled by ajisaka on 2018-11-13T12：42Z
Compiled with protoc 2.5.0
From source with checksum 3a9939967262218aa556c684d107985
This command was run using
/opt/hadoop-2.9.2/share/hadoop/common/hadoop-common-2.9.2.jar
```

（6）修改 HDFS 配置文件。Hadoop 安装目录下的 etc/hadoop 目录中，需修改 core-site.xml、hdfs-site.xml 文件，根据实际情况修改配置信息。其命令如下：

```
vi etc/hadoop/core-site.xml
<configuration>
<property>
<!--配置 hdfs 地址-->
<name>fs.defaultFS</name>
<value>hdfs://192.168.44.15：9000</value>
</property>
</configuration>


vi etc/hadoop/hdfs-site.xml
<configuration>
```

```
<property>
<! --默认备份数为 3 -->
<name>dfs. replication</name>
<value>3</value>
</property>
</configuration>
```

（7）安装 SSH 软件。使用命令 rpm-qa │grep ssh 检查是否同时安装了 openssh-clients 和 openssh-server 软件。如果这两个软件不存在，使用命令 yum-y install openssh-clients openssh-server 安装，并使用命令 service sshd start 开启 ssh 服务。其命令如下：

```
rpm -qa │grep ssh
yum -y install openssh-clients openssh-server
service sshd start
```

（8）配置 ssh 免密登录。首先，生成 ssh 密钥。执行如下命令后会在～目录下生成.ssh 文件夹，其中包含 id_rsa 和 id_rsa.pub 两个文件。将生成的 ssh 密钥 id_rsa.pub 加入到一个特定文件 authorized_keys 中，验证 ssh 免密登录是否成功。其命令如下：

```
ssh-keygen -t rsa-P '' - f ~/. ssh/id_rsa
cat ~/. ssh/id_rsa. pub >> ~/. ssh/authorized_keys
ssh hadoop
```

（9）初始化文件系统。其命令如下：

```
bin/hdfs namenode -format
```

（10）启动名称节点和数据节点。其命令如下：

```
sbin/start-dfs. sh
```

注意：保证/etc/hosts 解析与本机主机名一致，否则会报错。

（11）浏览 HDFS Web 界面。输入网址 http://[NameNodeIP]:50070/，打开 HDFS Web 界面，至此 HDFS 配置完毕。

（12）停止名称节点和数据节点。其命令如下：

```
sbin/stop-dfs. sh
```

2. 3. 2　HDFS Shell 命令

在安装好 Hadoop 并成功启动 HDFS 后，我们就可以利用 HDFS 对文件进行操作。HDFS 有很多 Shell 命令，其中，fs 命令可以说是 HDFS 最常用的命令。利用该命令可以查看 HDFS 文件系统的目录结构、上传和下载数据、创建文件等。该命令的用法为：hadoop fs [genericOptions] [commandOptions]。

下面介绍 HDFS 分布式文件系统的常用操作命令，包括创建目录/空文件、查看文件、查看文件内容、查看文件大小、上传和下载文件、移动文件、删除文件、查看帮助文档。

1. 创建目录

创建目录的关键字是 mkdir，其命令格式如下：

```
hadoop fs -mkdir [目录]
```

（1）在根目录下创建目录 test。其命令如下：

```
hadoop fs -mkdir /test
```

（2）在根目录下创建多级目录。其命令如下：

```
hadoop fs -mkdir -p /test/test1/test11
```

（3）在当前用户路径(/user/用户名)下创建目录 test。使用 root 登录时，创建文件目录为/user/root/test。其命令如下：

```
hadoop fs -mkdir test
```

注意：在 HDFS 操作中，若创建的路径不带/，则默认表示为用户路径，即/user/用户名/...。

2. 查看文件

查看目录的关键字是 ls，其命令格式如下：

```
hadoop fs -ls [目录]
```

（1）查看 HDFS 根目录下的所有文件。其命令如下：

```
hadoop fs -ls /
```

（2）递归查看 HDFS 根目录下的所有文件。其命令如下：

```
hadoop fs -ls -R /
```

3. 查看文件内容

查看文件内容的关键字是 cat，其命令格式如下：

```
hadoop fs -cat [文件名]
```

例如，查看/test 目录下的 info. txt 文件内容，其命令如下：

```
hadoop fs -cat /test/info. txt
```

4. 删除文件或目录

删除文件或目录的关键字是 rm，其命令格式如下：

```
hadoop fs -rm [文件名]
```

例如，删除/test 目录下的 info. text 文件，其命令如下：

```
hadoop fs -rm /test/info. txt
```

如果要删除 test 目录，需要加-r 选项，其命令如下：

```
hadoop fs -rm -r /test
```

5. 上传文件

put 用于从本地文件系统中复制单个或多个源路径到目标文件系统，其命令格式如下：

    hadoop fs -put ＜本地源文件＞ ＜hdfs 目标路径＞

例如，将本地文件/root/install. log 上传到 HDFS 的目录/test 中，若/test 目录不存在，则默认表示将 install. log 文件重命名为 test。

    hadoop fs -put /root/install. log /test

注意：① 同名文件不允许上传；② 若保存的 HDFS 目录不存在，则表示将上传的文件重命名为目录名；③ 当目标路径不带/时，默认表示用户路径为/user/当前用户。

6. 下载文件

get 用于复制文件到本地文件系统，其命令格式如下：

    hadoop fs -get ＜hdfs 源文件＞ ＜本地目标路径＞

例如，将 HDFS 文件/test/install. log 下载到 Linux 当前目录下，其命令如下：

    hadoop fs -get /test/install. log

7. 显示文件大小

du 用于显示目录中所有文件的大小，或者当只指定一个文件时，显示此文件的大小。其命令格式如下：

    hadoop fs -du［目录或文件］

例如，显示/test/install. log 的大小，其命令如下：

    hadoop fs -du /test/install. log

8. 移动目录或文件

mv 用于将文件从源路径移动到目标路径。这个命令允许有多个源路径，此时目标路径必须是一个目录。不允许在不同的文件系统间移动文件。其命令格式如下：

    hadoop fs -mv ＜一个或多个源文件＞ ＜目标路径＞

例如，将/test/install. log、/test/info. txt 移动到/test/test1 目录下，其命令如下：

    hadoop fs -mv /test/install. log /test/info. txt /test/test1

9. 创建空文件

创建空文件的关键字是 touchz，其命令格式如下：

    hadoop fs -touchz［文件名］

例如，创建一个 0 字节的空文件，其命令如下：

    hadoop fs -touchz /empty. txt

10. 查看帮助文档

查看帮助文档的关键字是 help，其命令格式如下：

    hadoop fs -help

例如，查看 ls 命令的帮助文档，其命令如下：

hadoop fs -help ls

2.3.3　HDFS Web 操作

在本地浏览器输入名称节点服务器的 IP 或域名＋端口，就可以查看 HDFS 文件系统的基本信息。例如，本书搭建的 Hadoop 集群中 HDFS 配置 IP 为 192.168.44.15，端口号是 50070，故 HDFS Web 界面访问地址为：http://192.168.44.15：50070，如图 2－8所示。

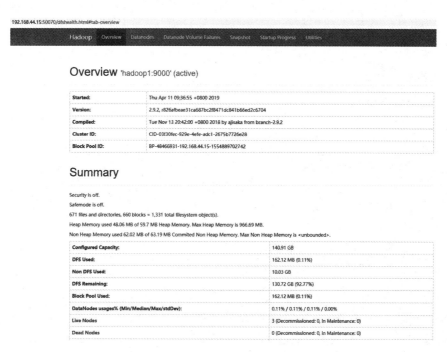

图 2－8　HDFS Web 界面

1. 查看文件

在图 2－8 中，点击导航栏右侧的"Utilities"按钮，在其下拉菜单中包括查看文件系统和日志信息。选择查看文件系统出现如图 2－9 所示界面。在输入框中输入文件的路径即可查看对应的文件信息。

图 2－9　查看 HDFS 文件系统界面

2. 查看数据节点信息

在图 2-8 中，点击导航栏上的"Datanodes"按钮，进入数据节点信息页面，如图 2-10 所示。

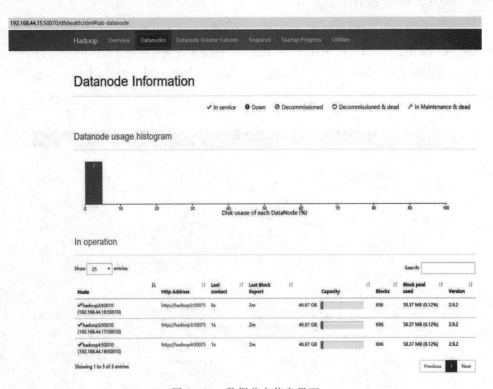

图 2-10　数据节点信息界面

如果在点击数据节点 Http 地址查看某个数据节点的详情信息时报错，这是因为 Windows 操作系统不能识别该节点名称，此时需要手动配置 Windows 的 hosts 文件，配置路径为 C:\Windows\System32\drivers\etc\hosts，配置内容如下。

192.168.44.15 hadooop1
192.168.44.16 hadooop2
192.168.44.17 hadooop3
192.168.44.18 hadooop4

2.4　大数据分布式文件存储技术应用实例

本节将通过 3 个实例详细讲解大数据分布式文件存储技术的用法，包括本地文件上传远程服务器、远程服务器文件上传 HDFS 和 DanaStudio 平台的 HDFS 数据导入 PostgreSQL。

2.4.1　本地文件上传远程服务器

将本地文件上传至远程服务器的过程如下。

（1）在本地系统准备好要上传的数据文件 2015accident.csv，图 2-11 是 2015accident.csv 文件的部分数据内容。

事故编号	driver1ir	driver2ir	accidenttime	accidentaddr	userid	status	driver1fault	driver2fault	driver1respon	driver2responsibility
961	1883	1884	2015/2/12 12:00	鹿冲关路口	446	1	1、追尾的		负全部责任	不负责任
969	1899	1900	2015/2/14 14:35	大鼎隆	1402	1	1、追尾的		负全部责任	不负责任
970	1901	1902	2015/2/14 18:00	白云公园	1401	1	8、依法应负全责的其…		负全部责任	不负责任
971	1903	1904	2015/2/14 16:00	蟠桃宫	1402	1	7、未按规定让行的		负全部责任	不负责任
972	1905	1906	2015/2/15 15:40	观山湖体育馆	1401	1	5、开关车门的		负全部责任	不负责任
975	1911	1912	2015/2/14 8:30	小河	1402	1	7、未按规定让行的		负全部责任	不负责任
976	1913	1914	2015/2/15 15:30	北京西路	1401	1	7、未按规定让行的		负全部责任	不负责任
977	1915	1916	2015/2/15 15:34	杨家山隧道	1402	1	1、追尾的		负全部责任	不负责任
978	1917	1918	2015/2/14 15:30	白云公园	1402	1	7、未按规定让行的		负全部责任	不负责任
979	1919	1920	2015/2/14 16:05	南明区保障房对	1402	1	3、倒车的		负全部责任	不负责任
980	1921	1922	2015/2/4 14:02	71路	1401	1	2、逆行的		负全部责任	不负责任
981	1923	1924	2015/2/13 17:50	机场路	1402	1	1、追尾的		负全部责任	不负责任
985	1931	1932	2015/2/14 14:00	沙冲路	1402	1	1、追尾的		负全部责任	不负责任
986	1933	1934	2015/2/15 15:40	改茶路	1401	1	1、追尾的		负全部责任	不负责任
987	1935	1936	2015/2/13 17:30	花香村	1401	1	1、追尾的		负全部责任	不负责任
988	1937	1938	2015/2/14 15:30	石板水果批发市	1402	1	7、未按规定让行的		负全部责任	不负责任
992	1945	1946	2015/2/15 15:40	沙冲路	1402	1	7、未按规定让行的		负全部责任	不负责任
993	1947	1948	2015/2/14 14:30	新创路	1401	1	1、追尾的		负全部责任	不负责任
994	1949	1950	2015/2/14 19:00	贵阳市蔬菜批发	1402	1	9、不符合前8款规定的	9、不符合前8…	负全部责任	不负责任
998	1957	1958	2015/2/14 13:00	大兴星城2号门	1402	1	7、未按规定让行的		负全部责任	不负责任
999	1959	1960	2015/2/14 14:40	三州路	1401	1	9、不符合前8款规定的	9、不符合前8…	负同等责任	负同等责任
1000	1961	1962	2015/2/14 14:20	解放路	1402	1	7、未按规定让行的		负全部责任	不负责任
1005	1971	1972	2015/2/14 14:24	甘平路	1402	1	4、停车时未挂低速档		负全部责任	不负责任
1006	1973	1974	2015/1/15 14:20	沙冲路	1401	1	8、依法应负全责的其…		负全部责任	不负责任
1007	1975	1976	2015/2/15 13:11	普园路	1401	1	8、依法应负全责的其…		负全部责任	不负责任
1010	1981	1982	2015/2/13 13:40	滨沙路	1401	1	1、追尾的		负全部责任	不负责任
1011	1983	1984	2015/2/14 15:30	贵钢路	1402	1	3、倒车的		负全部责任	不负责任
1012	1985	1986	2015/2/14 12:55	师大	1402	1	1、追尾的		负全部责任	不负责任
1013	1987	1988	2015/2/14 14:08	北京西路	1401	1	1、追尾的		负全部责任	不负责任
1015	1991	1992	2015/2/13 15:30	师大	1402	1	1、追尾的		负全部责任	不负责任
1044	2049	2050	2015/2/14 10:50	贵惠高速青岩出	1402	1	7、未按规定让行的		负全部责任	不负责任
1047	2055	2056	2015/2/14 11:00	嘉润路	1402	1	1、追尾的		负全部责任	不负责任
1050	2061	2062	2015/2/14 9:22	西二环	1402	1	7、未按规定让行的		负全部责任	不负责任
1051	2063	2064	2015/2/13 16:50	沙冲路	1402	1	1、追尾的		负全部责任	不负责任
1056	2073	2074	2015/2/14 8:49	花溪区田园南路	1402	1	7、未按规定让行的		负全部责任	不负责任
1059	2079	2080	2015/2/13 21:10	南明区青华路	1402	1	3、倒车的		负全部责任	不负责任
1060	2081	2082	2015/2/13 18:46	火车站	1402	1	7、未按规定让行的		负全部责任	不负责任
1062	2085	2086	2015/2/13 19:30	鸿通城	1402	1	7、未按规定让行的		负全部责任	不负责任
1063	2087	2088	2015/2/13 18:00	龙洞堡大道	1402	1	7、未按规定让行的		负全部责任	不负责任
1067	2095	2096	2015/2/13 15:40	兴隆花园地下停	1402	1	3、倒车的		负全部责任	不负责任
1070	2101	2102	2015/2/14 8:35	浣纱桥	1402	1	7、未按规定让行的		负全部责任	不负责任

图 2-11　2015accident.csv 文件数据内容

（2）双击 WinSCP 快捷图标选择新建站点，依次输入主机名、端口号、用户名、密码，点击"登录"按钮，如图 2-12 所示。

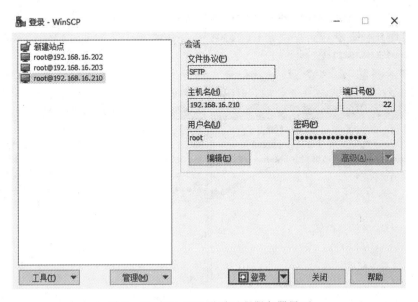

图 2-12　WinSCP 登录远程服务器界面

（3）远程服务器的窗口布局如图 2-13 所示，左侧窗口为本机电脑文件系统目录，右侧窗口为远程服务器文件系统目录。

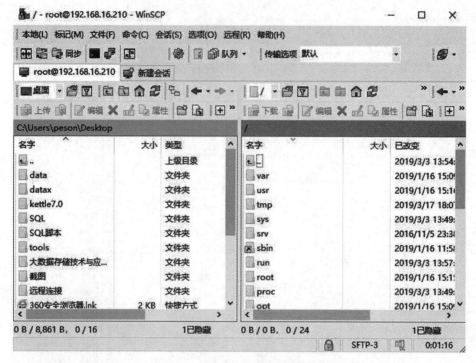

图 2 - 13   WinSCP 窗口布局

（4）在左侧窗口找到将要上传的文件所在路径，在右侧窗口选择保存文件的远程服务器目标路径，然后将本地文件拖拽到目标路径完成上传，如图 2 - 14 所示。

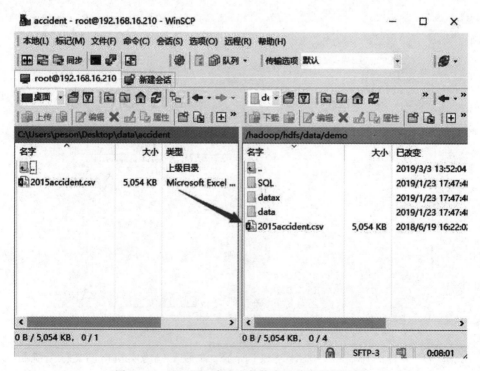

图 2 - 14   WinSCP 本地文件拖曳上传远程服务器

2.4.2　远程服务器文件上传 HDFS

将远程服务器上的文件上传 HDFS 过程如下。

（1）选择 PUTTY 软件登录远程服务器。打开 PUTTY 远程连接工具，输入远程服务器 IP 地址和端口号，点击"Open"按钮，如图 2-15 所示。

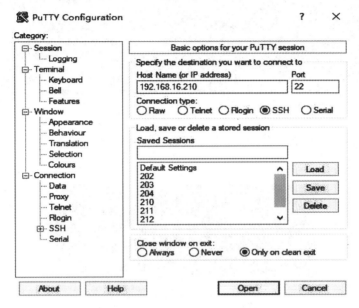

图 2-15　PUTTY 登录远程服务器

（2）输入远程服务器用户名和密码，如图 2-16 所示。

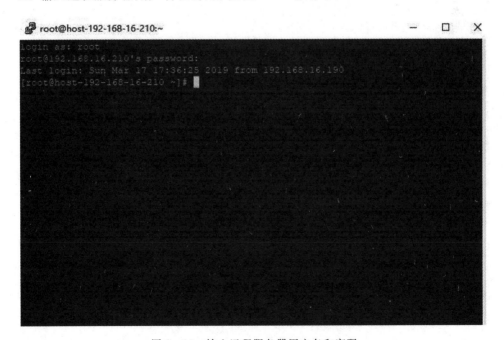

图 2-16　输入远程服务器用户名和密码

（3）启动 Hadoop 集群。进入 Hadoop 安装路径下的 sbin 目录，运行 start－all. sh 脚本启动集群，如图 2－17 所示。

```
[root@host-192-168-16-210]# start-all.sh
This script is Deprecated. Instead use start-dfs.sh and start-yarn.sh
Starting namenodes on [hadoop1]
hadoop1: starting namenode, logging to /opt/hadoop-2.9.2/logs/hadoop-root-namenode-hadoop1.out
hadoop2: starting datanode, logging to /opt/hadoop-2.9.2/logs/hadoop-root-datanode-hadoop2.out
hadoop4: starting datanode, logging to /opt/hadoop-2.9.2/logs/hadoop-root-datanode-hadoop4.out
hadoop3: starting datanode, logging to /opt/hadoop-2.9.2/logs/hadoop-root-datanode-hadoop3.out
Starting secondary namenodes [0.0.0.0]
0.0.0.0: starting secondarynamenode, logging to /opt/hadoop-2.9.2/logs/hadoop-root-secondarynamenode-hadoop1.out
starting yarn daemons
starting resourcemanager, logging to /opt/hadoop-2.9.2/logs/yarn-root-resourcemanager-hadoop1.out
hadoop3: starting nodemanager, logging to /opt/hadoop-2.9.2/logs/yarn-root-nodemanager-hadoop3.out
hadoop4: starting nodemanager, logging to /opt/hadoop-2.9.2/logs/yarn-root-nodemanager-hadoop4.out
hadoop2: starting nodemanager, logging to /opt/hadoop-2.9.2/logs/yarn-root-nodemanager-hadoop2.out
```

图 2－17　启动 Hadoop 集群

（4）验证 Hadoop 集群。输入 jps 命令查看 Hadoop 集群是否成功启动，如图 2－18 所示。

```
[root@host-192-168-16-210 ~]# jps
1713 SecondaryNameNode
2274 Jps
1514 NameNode
1867 ResourceManager
```

图 2－18　验证 Hadoop 启动

（5）使用 su 命令切换 Hadoop 集群用户，使用 ls 命令查看 HDFS 根目录/，如图 2－19 所示。

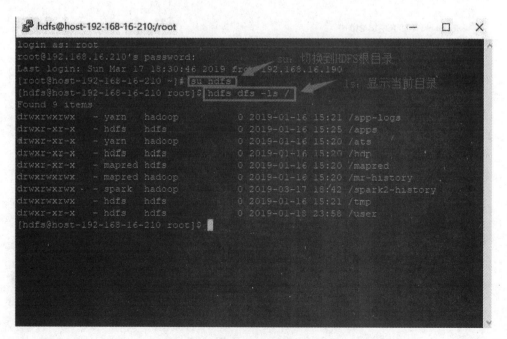

图 2－19　显示 HDFS 根目录内容

（6）使用命令 mkdir 在 HDFS 的根目录下创建文件夹 demo，如图 2 - 20 所示。

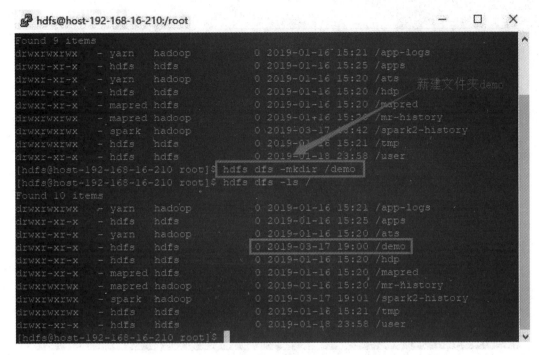

图 2 - 20　创建 demo 文件夹

（7）使用 put 命令将远程服务器中的 2015accident. csv 文件上传到 HDFS 的 demo 文件夹，如图 2 - 21 所示。

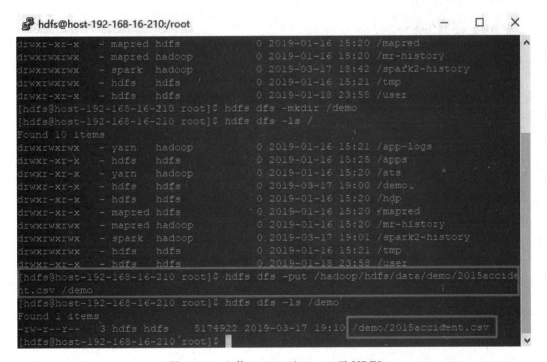

图 2 - 21　上传 2015accident. csv 至 HDFS

（8）使用 get 命令将 HDFS 上的 2015accident. csv 文件下载到远程服务器，如图 2 - 22 所示。

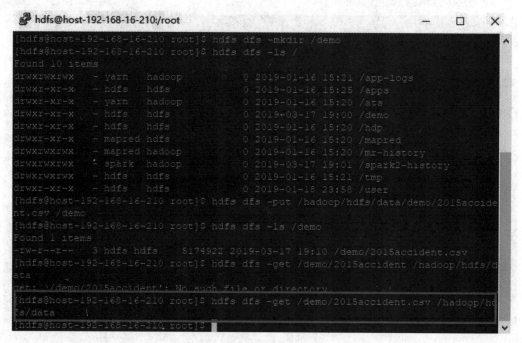

图 2 - 22　下载 2015accident. csv 文件

（9）使用 cp 命令复制 HDFS demo 文件夹下的 2015accident. csv 文件，将其重命名为 1. csv，如图 2 - 23 所示。

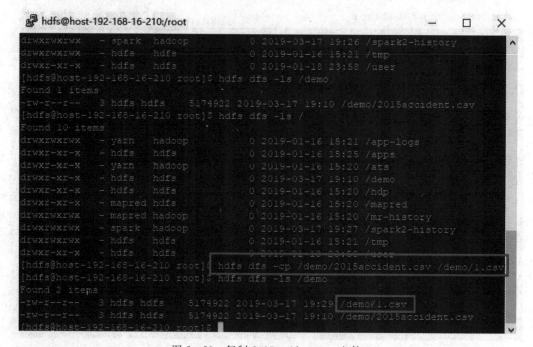

图 2 - 23　复制 2015accident. csv 文件

（10）使用 mv 命令将 HDFS demo 文件夹下的 1.csv 重命名为 123.csv，如图 2 - 24 所示。

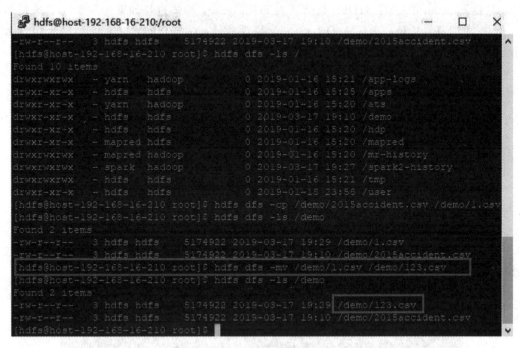

图 2 - 24　使用 mv 命令重命名文件

（11）使用 rm 命令将 HDFS demo 文件夹下的 123.csv 文件删除，如图 2 - 25 所示。

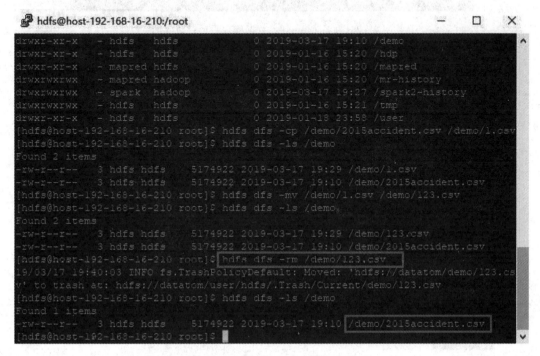

图 2 - 25　使用 rm 命令删除文件

2.4.3　DanaStudio 平台 HDFS 数据导入 PostgreSQL

将 DanaStudio 平台的 HDFS 数据导入 PostgreSQL 中的过程如下。

（1）在浏览器地址栏中输入 DanaStudio 登录地址，在打开的登录页面中输入用户名、密码，点击"登录"按钮，如图 2 - 26 所示。

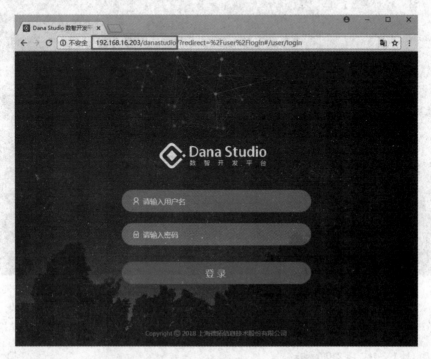

图 2 - 26　DanaStudio 大数据处理平台登录界面

（2）选择数据集成模块的自定义采集选项，如图 2 - 27 所示。

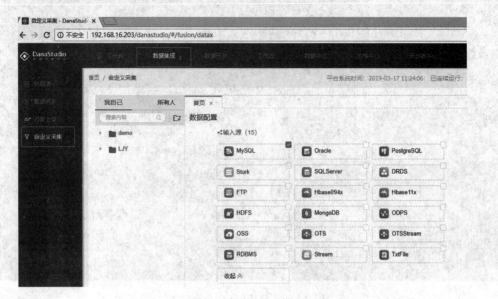

图 2 - 27　数据集成模块的自定义采集选项

（3）在数据配置页，选择数据输入源 HDFS 和输出源 PostgreSQL，如图 2-28 所示。

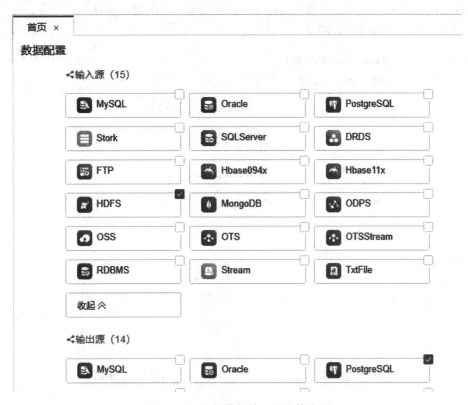

图 2-28　选择数据输入源和输出源

（4）生成数据采集模板代码，配置好数据输入、输出源，点击"确定"按钮即可生成模板代码，如图 2-29 所示。

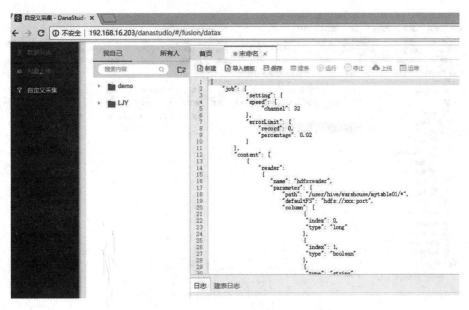

图 2-29　数据采集模板代码

（5）使用 Navicat 软件连接 PostgreSQL 数据库。打开 Navicat 软件，点击连接选项，选择 PostgreSQL 菜单，弹出连接 PostgreSQL 对话框，依次输入连接相关信息，连接测试成功后，点击"确定"按钮，如图 2-30 所示。

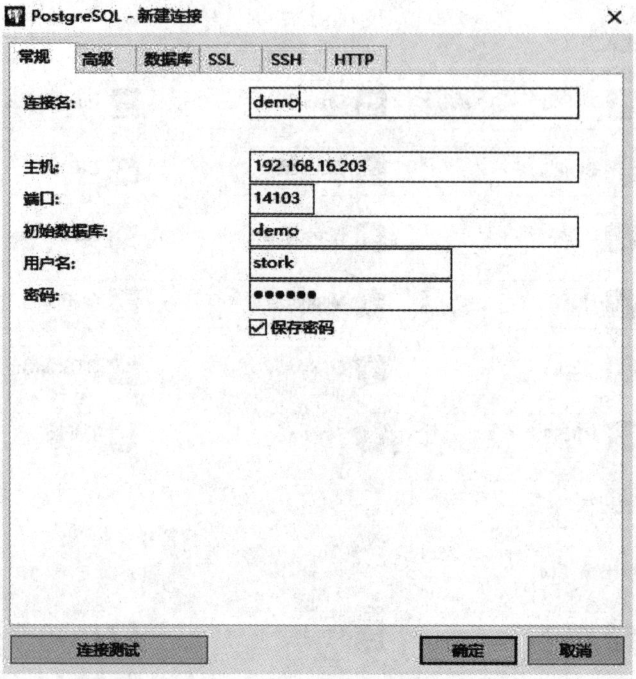

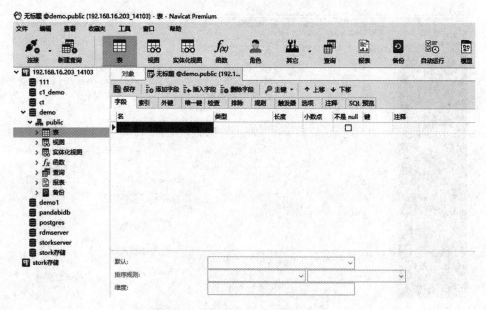

图 2-30　Navicat 连接 PostgreSQL 数据库

（6）在 Navicat 中打开 PostgreSQL 数据库，进入 demo 数据库，新建一个数据表，如图 2-31 所示。

图 2-31　在 PostgreSQL 中新建表

（7）新建名为 abc_accident 的数据表，并添加 2 个字段，设置类型、长度、是否为空和主键等，如图 2 - 32 所示。

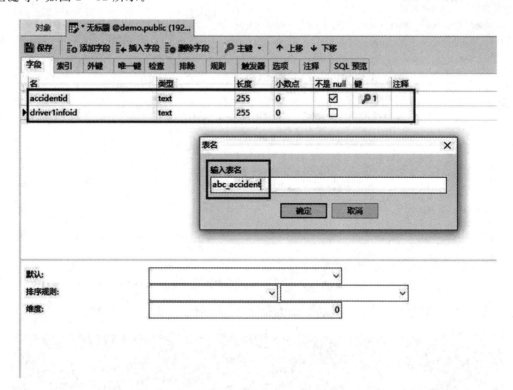

图 2 - 32　创建 abc_accident 表

（8）修改第（4）步中的数据采集模板代码，完善数据输入源代码，只选择 HDFS 上的 /demo/2015accident.csv 文件中的前两列数据导入，如图 2 - 33 所示。

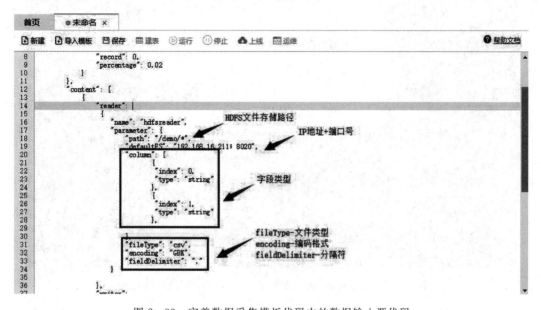

图 2 - 33　完善数据采集模板代码中的数据输入源代码

（9）修改第（4）步中的数据采集模板代码，完善数据输出源代码，如图 2－34 所示。

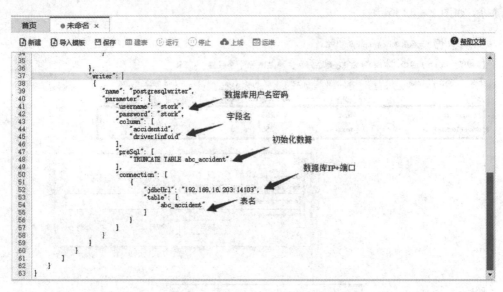

图 2－34　完善数据采集模板代码中的数据输出源代码

（10）保存数据采集代码，并命名为 hdfs_abc_accident，如图 2－35 所示。

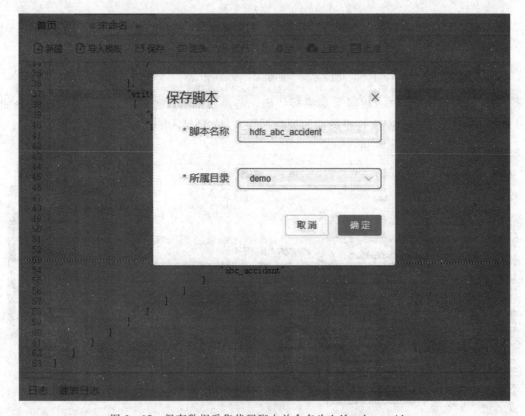

图 2－35　保存数据采集代码脚本并命名为 hdfs_abc_accident

（11）点击"运行"按钮，运行脚本 hdfs_abc_accident，查看运行结果日志，如图 2－36

所示。

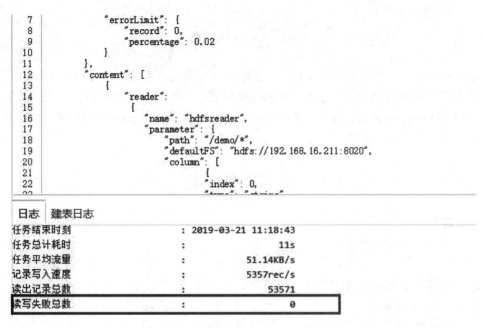

图 2 - 36　运行脚本并查看运行结果日志

（12）在 Navicat 中打开 PostgreSQL 数据库中的 abc_accident 表，查看 HDFS 上的 /demo/2015accident.csv 文件数据导入 abc_accident 表是否成功，如图 2 - 37 所示。

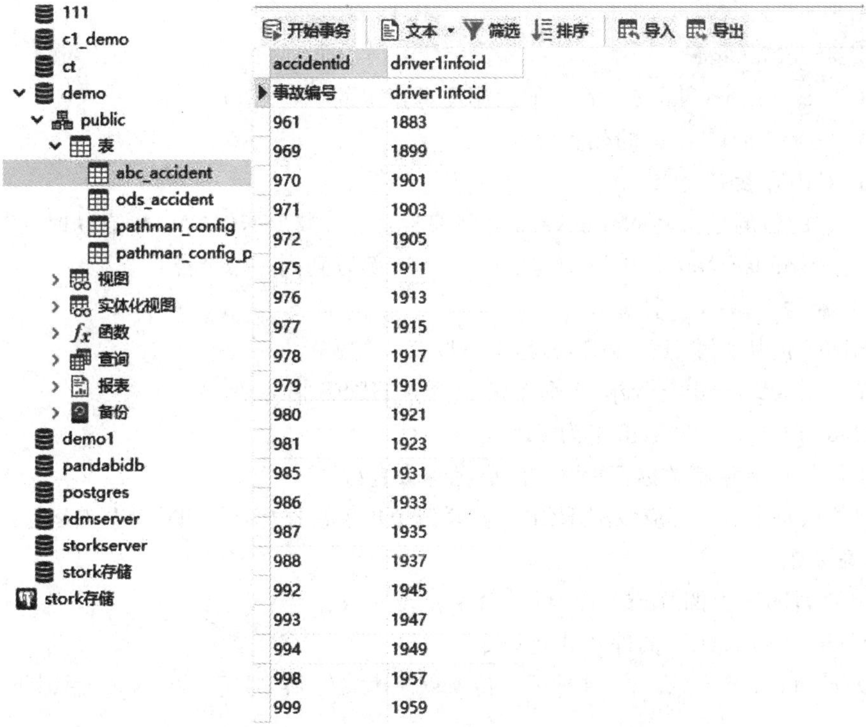

图 2 - 37　HDFS 数据导入 PostgreSQL 数据库结果

本 章 小 结

　　本章从集群的定义和关键特性出发，讲解了分布式文件系统的基本概念和结构，详细阐述了 HDFS 的概念与特点、体系架构和存储原理，并着重介绍了 HDFS 的 Shell 命令操作和 Web 界面操作。最后，通过 3 个大数据分布式文件存储技术的应用实例很好地诠释了大数据存储技术的应用实践。

课 后 作 业

一、选择题

1. HDFS 中的 Block 默认保存(　　)份。

　　A. 3　　　　　　　　B. 2　　　　　　　　C. 1　　　　　　　　D. 不确定

2. 下面哪个程序负责 HDFS 数据存储？(　　)

　　A. NameNode　　　　　　　　　　B. NodeManager

　　C. DataNode　　　　　　　　　　D. SecondaryNameNode

3. 下列哪项通常是集群的最主要瓶颈？(　　)

　　A. CPU　　　　　B. 网络　　　　　C. 磁盘 I/O　　　　D. 内存

4. 下列哪个程序通常与 NameNode 在一个节点启动？(　　)

　　A. SecondaryNameNode　　　　　　B. DataNode

　　C. NodeManager　　　　　　　　　D. ResourceManager

5. 关于 SecondaryNameNode，下列哪项是正确的？(　　)

　　A. 它是 NameNode 的热备

　　B. 对内存没有要求

　　C. 它的目的是帮助 NameNode 合并编辑日志，减少 NameNode 启动时间

　　D. SecondaryNameNode 应与 NameNode 部署到同一个节点

二、判断题

1. HDFS 的块大小(Block Size)是不可以修改的。　　　　　　　　　　　　　(　　)

2. hadoop dfsadmin －report 命令用于检测 HDFS 损坏块。　　　　　　　　(　　)

3. Hadoop 默认调度器策略为 FIFO。　　　　　　　　　　　　　　　　　　(　　)

4. 工作节点要存储数据，所以它的磁盘越大越好。　　　　　　　　　　　　(　　)

5. 集群内每个节点都应该配 RAID，这样避免单磁盘损坏，影响整个节点运行。(　　)

三、命令题

1. 删除 HDFS 上的/tmp/test 目录命令。

2. Hadoop 的 HDFS 文件格式化命令。

3. 从 Hadoop 节点的/opt 目录下上传 test. txt 文件到 HDFS 的/input 目录下。

第 3 章　大数据结构化数据存储技术

学习目标：
- 了解结构化数据存储技术；
- 掌握 HBase、Hive、Stork、Teryx 的概念；
- 掌握 HBase、Hive、Stork、Teryx 的安装配置；
- 熟练操作 HBase、Hive、Stork、Teryx。

本章重点：
- HBase、Hive、Stork、Teryx 的概念；
- HBase、Hive、Stork、Teryx 的安装配置；
- HBase、Hive、Stork、Teryx 的操作；
- HBase、Hive、Stork、Teryx 的应用。

本章从结构化数据存储的概念出发，阐述 HBase、Hive、Stork、Teryx 的基本原理及特点，着重讲解以上 4 个数据库的命令行管理、DDL、DML 相关操作，并介绍它们在实际项目中的应用场景。

3.1　结构化数据存储技术概述

结构化数据是指可以使用关系型数据库表示和存储，且表现为二维形式的数据。其一般特点是：数据以行为单位，一行数据表示一个实体的信息，每一行数据的属性是相同的。结构化数据的缺点是扩展性差。因此，如果字段不固定，就不适合使用关系型数据库。

结构化数据主要应用于企业 ERP、财务系统、医疗 HIS 数据库、教育一卡通、政府行政审批等数据库。其数据存储技术路线主要有以下三种。

（1）采用 MPP 架构的新型数据库集群。典型数据库有：PostgreSQL、Teryx 等。

（2）基于 Hadoop 的技术扩展和封装。典型数据库有：HDFS、HBase、Hive 等。

（3）大数据一体机。

接下来，我们将着重讲解 HBase、Hive、Stork、Teryx 这四种数据库的存储技术。

3.2　HBase 存储技术

本节介绍 HBase 的基本概念和特点，着重讲解 HBase 的安装与基本使用，并通过应用实例阐述 HBase 存储技术在大数据方面的应用。

3.2.1　HBase 概述

HBase 是一个高可靠、高性能、面向列、可伸缩的分布式数据库，是谷歌 BigTable 的开源实现，主要用来存储非结构化和半结构化的松散数据。HBase 的目标是处理非常庞大的表，通过水平扩展方式，可利用廉价计算机集群处理由超过 10 亿行数据和数百万列元素组成的数据表。

HBase 是一个构建在 HDFS 上的分布式列存储系统，支持使用 MapReduce 分布式模型处理 HBase 中的海量数据，并利用 Zookeeper 进行协同管理数据。HBase 在 Hadoop 生态系统中的位置如图 3-1 所示。

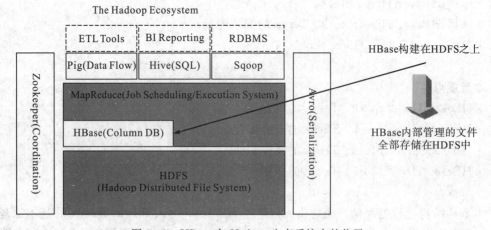

图 3-1　HBase 在 Hadoop 生态系统中的位置

HBase 具有如下特点。

（1）线性扩展。当存储空间不足时，可通过简单地增加节点的方式进行扩展。

（2）面向列。面向列簇进行存储，即同一个列簇中的数据在逻辑上存储在一个文件中。

（3）大表。表可以非常大，如百万级甚至亿级的行和列。

（4）稀疏。列簇中的列可以动态增加。由于数据的多样性，整体上会有非常多的列，但每一行数据可能只对应少数的列。一般情况下，一行数据中只有少数列有值，而对于空值，HBase 并不存储。因此，表可以设计得非常稀疏，而不带来额外开销。

（5）非结构化。HBase 不是关系型数据库，适合存储非结构化的数据。

（6）面向海量数据。HBase 适合处理大数量级的数据，如 TB 级甚至是 PB 级。

（7）高度写场景。HBase 适合于批量大数据高速写入数据库，同时也有不少读操作的场景。

3.2.2　HBase 基本操作

HBase 安装模式有三种：单机模式、伪分布式和完全分布式。下面采用默认的单机模式安装 HBase。在单机模式中，HBase 使用本地文件系统而不是 HDFS，所有的服务和 Zookeeper 都运作在一个 JVM 中。下面介绍 HBase 单机安装的方法，并演示启动 HBase、通过 Shell 创建表、插入数据、查询数据、删除表，最后停止 HBase 的过程。

1. HBase 安装

在安装 HBase 之前，需确保本地系统或远程系统上已安装 Hadoop。本书使用 root 用户登录 Hadoop 系统，以 hbase-2.0.5-bin.tar.gz 为例安装 HBase。

1）下载与解压 HBase

HBase 官网下载地址为：https://hbase.apache.org/，选择需要的版本，进入/opt 目录，使用 wget 命令下载 HBase，使用 tar 命令将其解压缩，并使用 ln 命令为其创建软链接。具体命令如下：

```
cd /opt
wget http://mirrors.tuna.tsinghua.edu.cn/apache/hbase/2.0.5/hbase-2.0.5-bin.tar.gz
tar -zxvf hbase-2.0.5-bin.tar.gz
ln -s hbase-2.0.5 hbase
```

2）配置环境变量

修改系统环境变量，命令如下：

```
vi /etc/profile
export HBASE_HOME=/opt/hbase
export PATH=$PATH:$HBASE_HOME/bin
```

使环境变量生效，命令如下：

```
source /etc/profile
```

验证环境变量生效，命令如下：

```
hbase version
HBase 2.0.5
Source code repository git://dd7c519a402b/opt/hbase-rm/output/hbase revision=76458dd074df
17520ad451ded198cd832138e929
Compiled by hbase-rm on Mon Mar 18 00:41:49 UTC 2019
From source with checksum fd9cba949d65fd3bca4df155254ac28c
```

3）修改 HBase 配置文件

（1）配置 hbase-env.sh 文件。进入/opt/hbase/conf 目录，编辑 hbase-env.sh 文件，配置 JAVA_HOME 环境变量和 HBase 自带的 Zookeeper 集群。命令如下：

```
cd /opt/hbase/conf
vi hbase-env.sh
export JAVA_HOME=/opt/jdk
export HBASE_MANAGES_ZK=true
```

（2）配置 hbase-site.xml 文件。这是 HBase 的主配置文件。进入/opt/hbase/conf 目录，编辑 hbase-site.xml 文件，在 hbase-site.xml 文件中，找到<configuration>和</configuration>标签，配置属性值如下：

```
cd /opt/hbase/conf
vi hbase-site.xml
```

```
<configuration>
<property>
<name>hbase. rootdir</name>
<value>file:/usr/local/hbase</value>
</property>
<name>hbase. zookeeper. property. dataDir</name>
<value>/opt/zookeeper/data</value>
</property>
</configuration>
```

到此，HBase 的安装配置已成功完成。下面通过 HBase 的 bin 文件夹中的 start-hbase. sh 脚本启动 HBase，命令如下：

```
start-hbase. sh
running master, logging to /opt/hbase-2. 0. 5/logs/hbase-root-master-hadoop1. out
```

如果要关闭 HBase，则执行 stop-hbase. sh 命令：

```
stop-hbase. sh
```

2. HBase Shell 命令

常用的 HBase Shell 命令及其功能描述如表 3-1 所示。

表 3-1　HBase Shell 命令及其功能描述

HBase Shell 命令	功　能　描　述
create	创建表
drop	删除表
scan	扫描表
count	统计表中行的数量
alter	修改列簇模式
describe	显示表相关的详细信息
delete	删除指定对象值（可以为表、行、列对应的值）
deleteall	删除指定行的所有元素
disable	使表无效
enable	使表生效
exists	测试表是否存在
exit	退出 HBase Shell
put	增加指定表、行或列的值
get	获取行或单元(Cell)的值
list	列出 HBase 中存在的所有表
put	向指定的表单元添加值

HBase Shell 命令	功 能 描 述
status	返回 HBase 集群的状态信息
shutdown	关闭 HBase 集群(与 exit 不同)
truncate	重新创建指定表
version	返回 HBase 版本信息

下面介绍常用的 HBase Shell 命令。

(1) 进入 HBase 命令行。命令如下：

```
hbase shell
```

(2) 退出命令行。命令如下：

```
hbase(main):001:0> exit
```

(3) 创建表。命令格式如下：

```
create '表名称', '列名称 1', ……, '列名称 n'
```

例如，创建一个表 scores，其有两个列簇 grade 和 course，命令如下：

```
hbase(main):002:0> create_namespace 'ns1'
hbase(main):003:0> create 'scores', 'grade', 'course'
0 row(s) in 1.5820 seconds
=> Hbase::Table-scores
```

(4) 列出 HBase 所有表。命令如下：

```
hbase(main):004:0> list
TABLE
scores
1 row(s) in 0.0080 seconds
=> ["scores"]
```

(5) 添加记录。命令格式如下：

```
put '表名', '行键名', '列名', '单元格值'
```

例如：

```
hbase(main):009:0> put 'scores', 'Tom', 'grade', '5'
hbase(main):011:0> put 'scores', 'Tom', 'course:math', '100'
hbase(main):012:0> put 'scores', 'Tom', 'course:art', '100'
hbase(main):013:0> put 'scores', 'Mark', 'grade', '6'
hbase(main):014:0> put 'scores', 'Mark', 'course:english', '120'
hbase(main):015:0> put 'scores', 'Mark', 'course:chinese', '108'
```

(6) 查看某条记录。使用 get 命令查看某条记录信息，命令及其运行结果如下：

```
hbase(main):016:0> get 'scores', 'Mark'
```

```
COLUMN              CELL
course:chinese      timestamp=1435491529683,value=108
course:english      timestamp=1435491508206,value=120
grade:              timestamp=1435491484521,value=6
3 row(s) in 0.0520 seconds


hbase(main):017:0> get 'scores', 'Mark', 'grade'
COLUMN              CELL
grade:                   timestamp=1435491484521,value=6
1 row(s) in 0.0390 seconds
```

（7）修改表结构。使用 alter 命令增加一列簇，命令及其运行结果如下：

```
hbase(main):018:0> alter 'scores', NAME=>'info'
Updating all regions with the new schema...
0/1 regions updated.
1/1 regions updated.
Done.
0 row(s) in 2.4330 seconds
```

（8）删除表。使用 disable 禁用表，再使用 drop 删除表，命令如下：

```
hbase(main):019:0> disable 'scores'
hbase(main):020:0> drop 'scores'
```

3.2.3　HBase 存储技术应用实例

下面通过使用 HBase Shell 命令创建、查询、增加、修改、删除数据表等操作演示 HBase 存储技术的实际应用。

该实例中需要创建一张 scores 数据表，该表的结构设计如表 3-2 所示。

表 3-2　HBase scores 表结构

	grade	course	
		math	art
Tom	5	97	87
Jim	4	89	80

在 scores 表中，grade 表示只有一列的列簇，course 表示包含两列的列簇，两列分别是 math 和 art，根据需要可以在 course 列簇中增加更多的列表示成绩。

下面详细介绍 HBase 存储技术应用实例的具体操作。

（1）打开 Putty 软件，输入远程服务器 IP 地址和端口号，打开后，输入用户名和密码，即可成功登录该服务器。

（2）启动 HBase Shell 客户端。在终端界面提示符输入 hbase shell 命令，出现 HBase 客户端提示符。

（3）创建 HBase 表 scores。创建表语句中，scores 表示表名，grade 和 course 表示列簇，如图 3 - 2 所示。

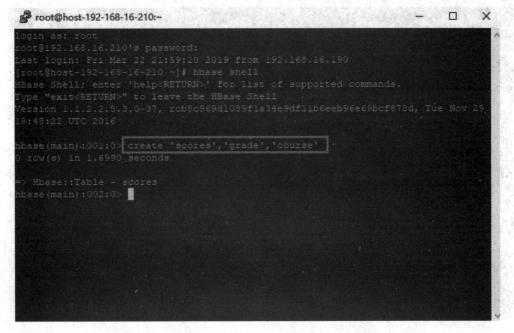

图 3 - 2　创建 Hbase 表 scores

（4）向 scores 表中依次插入多条数据，如图 3 - 3 所示。

图 3 - 3　向 scores 表中依次插入多条数据

（5）使用 scan 命令查看 scores 表中数据记录，如图 3 - 4 所示。

图 3 - 4　使用 scan 命令查看 scores 表中数据

（6）查询 scores 表中键值为 Jim 的 art 课程成绩，如图 3 - 5 所示。

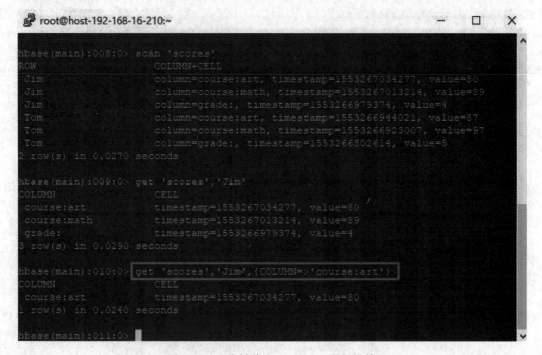

图 3 - 5　查询键值为 Jim 的 art 课程成绩

（7）修改 scores 表中键值为 Jim 的 math 课程成绩为 100，如图 3-6 所示。

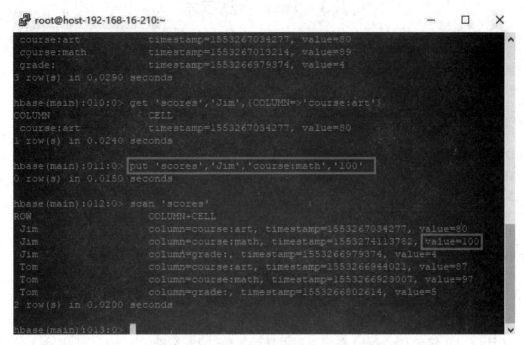

图 3-6　修改键值为 Jim 的 math 课程成绩为 100

（8）删除 scores 表中键值为 Jim 的数据记录，如图 3-7 所示。

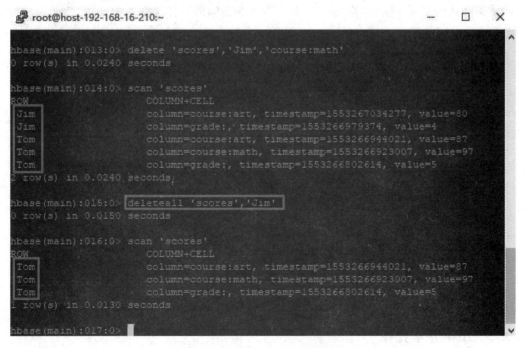

图 3-7　删除键值为 Jim 的数据记录

（9）使用 exit 命令，退出 HBase 客户端。

3.3　Hive 存储技术

本节介绍 Hive 的基本概念和特点，着重讲解 Hive 的安装和基本使用，并通过应用实例阐述 Hive 存储技术在大数据领域的实际应用。

3.3.1　Hive 概述

Hive 是基于 Hadoop 的数据仓库工具，可以将结构化数据映射为一张数据库表，可以提供简单的 SQL 查询功能，并将 SQL 语句转换为 MapReduce 任务运行。Hive 的主要优势在于其结合了 SQL 技术和 Hadoop 中 MapReduce 分布式计算框架的优点，降低了传统数据分析人员使用 Hadoop 平台进入大数据时代的障碍。Hive 具有如下特点。

（1）可扩展。Hive 可以自由扩展集群的规模，一般情况下不需要重启服务。

（2）延展性。Hive 支持用户自定义函数，用户可以根据自己的需求来实现自己的函数。

（3）容错性。Hive 有良好的容错性，节点出现问题，SQL 仍可完成执行。

Hive 可分为 Hive 客户端和 Hive 服务端。客户端提供了 Thrift、JDBC、ODBC 应用驱动工具，可以方便地编写使用 Thrift、JDBC 和 ODBC 驱动的 Python、Java 或 C＋＋程序，使用 Hive 对存储在 Hadoop 上的海量数据进行分析；服务端提供了 Hive Shell 命令行接口、Hive Web 接口和为不同应用程序（包括上层 Thrift 应用程序、JDBC 应用程序以及 ODBC 应用程序）提供多种服务的 Hive Server，实现上述 Hive 服务操作与存储在 Hadoop 上的数据之间的交互。Hive 客户端和 Hive 服务端之间的具体关系如图 3－8 所示。

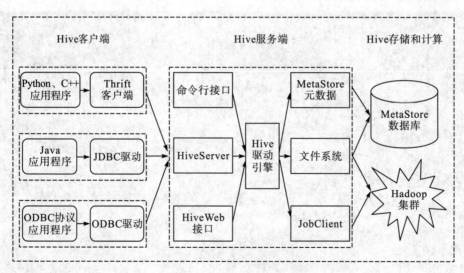

图 3－8　Hive 体系结构

3.3.2　Hive 基本操作

Hive 安装模式有三种：单机模式、伪分布式和完全分布式。下面采用默认的单机模式安装 Hive，并介绍 Hive 单机安装的方法，详细阐述启动 Hive、验证 Hive、Hive 常用命令操作等内容。

1. Hive 安装

在安装 Hive 之前，需确保本地系统或远程系统上已安装 Hadoop。下面使用 root 用户登录 Hadoop 系统，以 hive-2.3.4 版本为例安装 Hive。

1）下载与解压 Hive

Hive 官网下载地址为：https://mirrors. tuna. tsinghua. edu. cn/apache/hive/hive-2.3.4/，选择需要的版本，进入/opt 目录，使用 wget 命令下载 Hive，使用 tar 命令将其解压缩，并使用 ln 命令为其创建软链接。具体命令如下：

```
cd /opt
wget http://ftp. riken. jp/net/apache/hive/hive-2. 3. 4/apache-hive-2. 3. 4-bin. tar. gz
tar -zxvf apache-hive-2. 3. 4-bin. tar. gz
ln -s apache-hive-2. 3. 4-bin hive
```

2）配置环境变量

修改系统环境变量，命令如下：

```
vi /etc/profile
export HIVE_HOME=/opt/hive
export PATH=$ PATH:$ {HIVE_HOME}/bin
```

使环境变量生效，命令如下：

```
source /etc/profile
```

验证环境变量生效，命令及其运行结果如下：

```
hive -- version
Hive 2. 3. 4
Git git://daijymacpro-2. local/Users/daijy/commit/hive -r 56acdd2120b9ce6790185c679223b8b5e884aaf2
Compiled by daijy on Wed Oct 31 14:20:50 PDT 2018
From source with checksum 9f2d17b212f3a05297ac7dd40b65bab0
```

3）配置 Hive 参数文件

（1）配置 hive-env. sh 文件。复制/opt/hive/conf/hive-env. sh. template 文件，命名为/opt/hive/conf/hive-env. sh。修改/opt/hive/conf/hive-env. sh 文件，找到以下配置，根据实际情况修改。

```
cd /opt/hive/conf
cp hive-env. sh. template hive-env. sh
vi hive-env. sh
export JAVA_HOME=/opt/jdk              #jdk 安装目录
export HADOOP_HOME=/opt/hadoop         # hadoop 安装目录
export HIVE_HOME=/opt/hive             # hive 安装目录
```

（2）配置 hive-env. sh 文件。复制/opt/hive/conf/hive-default. template 文件，命名为/opt/

hive/conf/hive-site. xml。修改/opt/hive/conf/hive-site. xml 文件，找到文件中以下配置，根据实际情况修改。

注意：修改所有的 system. io. tmpdir 为指定的目录，本书放在/opt/hive/tmp 下。修改所有的 system. user. name 为自己的名字。命令如下：

```
vi hive-env. sh
<configuration>
<property>
    <name>hive. metastore. warehouse. dir</name>
    <value>/opt/hive/warehouse</value>
    <description>location of default database for the warehouse</description>
</property>
<property>
  <name>javax. jdo. option. ConnectionURL</name>
  <value>jdbc:derby:/opt/hive/metastore_db;create=true</value>
  <description>JDBC connect string for a JDBC metastore</description>
</property>
<property>
    <name>hive. querylog. location</name>
    <value>/opt/hive/tmp/$ {system:user. name}</value>
    <! --<value> $ {system:java. io. tmpdir}/$ {system:user. name}</value> -->
    <description>Location of Hive run time structured log file</description>
</property>
<property>
    <name>hive. server2. logging. operation. log. location</name>
    <value>/opt/hive/tmp/$ {system:user. name}/operation_logs</value>
    <! --<value> $ {system:java. io. tmpdir}/$ {system:user. name}/operation_logs</value
> -->
    <description>Top level directory where operation logs are stored if logging functionality is
    enabled</description>
</property>
<property>
    <name>hive. exec. local. scratchdir</name>
    <value>/opt/hive/tmp/$ {system:user. name}</value>
    <! --<value> $ {system:java. io. tmpdir}/$ {system:user. name}</value> -->
    <description>Local scratch space for Hive jobs</description>
</property>
<property>
    <name>hive. downloaded. resources. dir</name>
    <value>/opt/hive/tmp/$ {hive. session. id}_resources</value>
    <! --<value> $ {system:java. io. tmpdir}/$ {hive. session. id}_resources</value> -->
    <description>Temporary local directory for added resources in the remote file system.
    </description>
```

```
</property>
</configuration>
```

4）初始化数据库

由于 Hive 将元数据存储到关系型数据库中，因此需要初始化数据库表。下面直接使用默认 Derby 数据库和其配置信息。初始化 Derby 数据库的命令如下：

```
/opt/hive/bin/schematool-initSchema-dbType derby
Metastore connection URL：jdbc:derby:;databaseName=metastore_db;create=true
Metastore Connection Driver ： org. apache. derby. jdbc. EmbeddedDriver
Metastore connection User：APP
Starting metastore schema initialization to 2. 3. 0
Initialization script hive-schema-2. 3. 0. derby. sql
Initialization script completed
schemaTool completed
```

5）启动 Hive 程序

创建 Hive 元数据存储目录，并赋予可执行权限后，执行 Hive 命令启动 Hive 数据库。其命令如下：

```
mkdir-p /opt/hive/warehouse        ♯创建元数据存储文件夹
chmod a+rw /opt/hive/warehouse     ♯修改文件权限
mkdir-p /opt/hive/hivelog          ♯创建 Hive 查询日志存放位置
hive
Logging initialized using configuration in jar:file:/opt/apache-hive-2. 3. 4-bin/lib/hive-common-
2. 3. 4. jar! /hive-log4j2. properties Async：true
Hive-on-MR is deprecated in Hive 2 and may not be available in the future versions. Consider using a
different execution engine (i. e. spark, tez) or using Hive 1. X releases.
hive>
```

6）验证 Hive

验证 Hive 的命令如下：

```
hive> show databases；
OK
default
Time taken：0. 043 seconds，Fetched：1 row(s)
```

2. Hive 常用命令

常用的 Hive 命令及其功能描述如表 3－3 所示。

表 3－3　常用的 Hive 命令及其功能描述

Hive 命令	功 能 描 述
show	查看数据库
use	使用数据库
alter	修改数据库

Hive 命令	功 能 描 述
drop	删除数据库
create table	创建表
alter table	修改表
drop table	删除表
create view	创建视图
alter view	修改视图
drop view	删除视图
load	将文件数据导入 Hive 表
select	查询数据

下面介绍常用的 Hive 命令。

（1）进入 Hive 命令行的命令如下：

```
hive
```

（2）退出命令有两种，分别是 exit 和 quit，具体命令如下：

```
hive> exit
```

或者

```
hive> quit
```

（3）创建数据库的命令如下：

```
create database [数据库名称];
```

例如，创建一个名为 student 的数据库，并查看该数据库，命令如下：

```
hive> create database student;    # 创建 student 数据库
OK
Time taken：0.079 seconds
hive> show databases;             # 显示 student 数据库
OK
default
student
Time taken：0.033 seconds，Fetched：2 row(s)
```

（4）创建表的命令格式如下：

```
create table [表名];
```

例如，在数据库 student 中，创建一个名为 score 的数据表，并查看该数据表，命令如下：

```
hive> use student;    # 使用 student 数据库
OK
```

```
Time taken：0. 04 seconds
hive> create table if not exists score(
    > name string,
    > id int,
    > age int,
    > course string);    ♯ 创建 score 表
OK
Time taken：0. 195 seconds
hive> show tables;       ♯ 显示 score 表
OK
score
Time taken：0. 148 seconds，Fetched：1 row(s)
```

（5）删除表的命令格式如下：

```
drop table［表名］;
```

例如，删除名为 score 的数据表，并查看该数据表，命令如下：

```
hive> drop table score;      ♯ 删除 score 表
OK
Time taken：3. 443 seconds
hive> show tables;       ♯ 查看 score 表，确认已删除
OK
Time taken：0. 037 seconds
```

（6）删除数据库的命令格式如下：

```
drop database［数据库名］;
```

例如，在数据库 student 中，创建一个名为 score 的数据表，并查看该数据表，命令如下：

```
hive> drop database student;       ♯ 删除 student 数据库
OK
Time taken：0. 472 seconds
hive> show databases;         ♯ 查看 student 数据库，确认已删除
OK
default
Time taken：0. 044 seconds，Fetched：1 row(s)
```

3.3.3　Hive 存储技术应用实例

下面通过使用 Hive 命令创建数据表及查询、增加、修改、导入表数据等操作演示 Hive 存储技术的实际应用。

本实例将创建一个 mytest 数据库和 test 数据表，该表包含 id 和 name 两列，并通过 Hive 命令对该数据表进行操作。下面详细介绍 Hive 存储技术应用实例的具体操作。

（1）打开 Putty 软件，输入远程服务器 IP 地址和端口号，打开后，输入用户名和密码，

即可成功登录该服务器。

（2）启动 Hive Shell 客户端。在终端界面提示符输入 hive shell 命令，出现 Hive 客户端提示符。

（3）使用 create database mytest 命令创建 mytest 数据库，并使用 use mytest 命令切换到 mytest 数据库。

（4）在 mytest 数据库中创建表 test，test 包含两列，即 id 和 name，列数据以逗号作为分隔符，如图 3-9 所示。

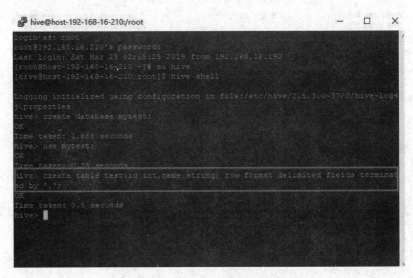

图 3-9　在 mytest 数据库中创建 test 表

（5）使用 WinSCP 软件将 hive.txt 文件上传到远程服务器/opt/hive 路径下，并将/opt/hive/hive.txt 文件加载到 test 表中，如图 3-10 所示。

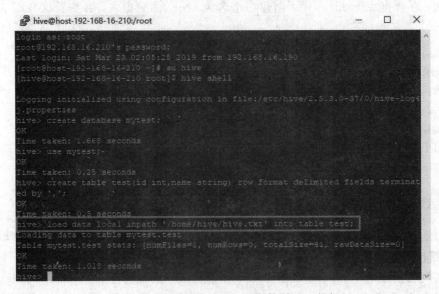

图 3-10　加载本地 hive.txt 文件到 test 表中

说明：上面 load 语句带有 local，表示加载本地数据到 test 表中，否则表示加载 HDFS 中的数据到 test 表中。

（6）查询 test 表数据，如图 3 - 11 所示。

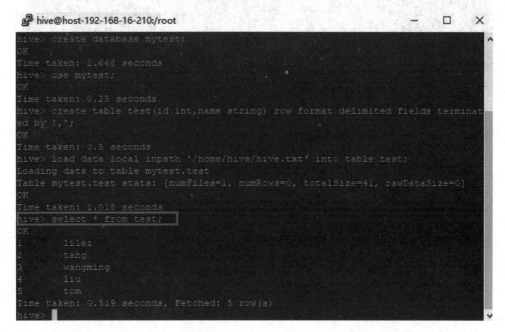

图 3 - 11　查询 test 表数据

（7）查询 test 表中 id 值大于 4 的 name 列信息，如图 3 - 12 所示。

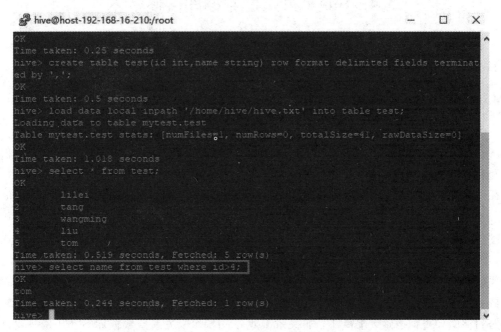

图 3 - 12　查询 test 表中 id 值大于 4 的 name 列信息

（8）向 test 表中插入一条 id 为 6，name 为"sushan"的数据，如图 3 - 13 所示。

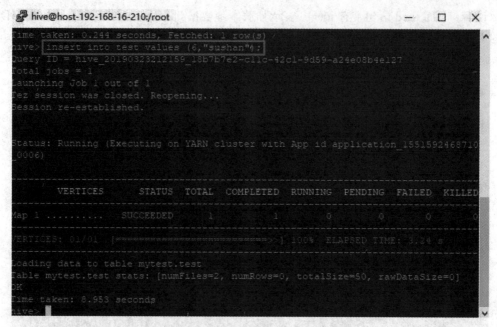

图 3-13　向 test 表中插入一条数据

说明：在 Hive 执行插入语句时，会调用底层 MapReduce 程序，导致执行速度较慢。从图 3-13 可以看出，本次执行插入语句耗时约 8.9 s，推荐使用 load 命令向表中加载数据。

（9）使用 exit 命令，退出 Hive 客户端。

3.4　Stork 关系型数据库存储技术

本节介绍 Stork 的基本概念和特点，着重讲解 Stork 的基本操作，并通过应用实例阐述 Stork 存储技术在大数据领域的实际应用。

3.4.1　Stork 概述

由于 Stork 的底层技术是 PostgreSQL，在了解 Stork 之前，我们首先来了解一下 PostgreSQL。PostgreSQL 是一个功能强大的开源数据库系统。经过长达 15 年以上的积极开发和不断改进，PostgreSQL 已在可靠性、稳定性、数据一致性等方面获得了业内极好的声誉。目前 PostgreSQL 可以运行在所有主流操作系统上，包括 Linux、Unix 和 Windows 等。PostgreSQL 是完全的事务安全性数据库，完整地支持外键、联合、视图、触发器和存储过程。

Stork 在提供传统数据库的 ACID 特性、保证上层业务逻辑的通畅运行的基础上，根据大数据的特点不断更新自己的特性，在稳定的 OLTP 基础上提供一定的 OLAP 特性，支持一定数量级别的大数据 OLAP 需求，而且提供 JSON 等一系列数据类型支持非结构化数据的存储和查询搜索，兼容部分非关系型业务。DANA 关系型数据库 Stork 是一款自主研发的、以 Postgres 数据库为 DB 内核的数据库管理系统，可提供稳定高效的 OLTP 需求以及 TP 级别的 OLAP 查询需求，满足中小型大数据的业务与分析一体化的需求。Stork

集群的整体架构如图 3 - 14 所示。

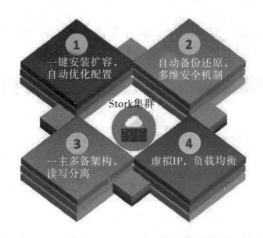

图 3 - 14　Stork 集群

如图 3 - 14 所示，Stork 拥有众多集群架构特性，让开发者直接使用一个稳固、高效、强大、安全的数据库集群架构服务，解决运维调优问题。

Stork 具有如下特点。

(1) 高度集成的一键安装脚本。不论单机还是集群都可以实现一键自动安装，支持一键扩容，并且根据每台机器实际硬件资源自动配置 DB 相关的性能参数，开发者可以直接应用最佳性能的 DB。

(2) 备份还原任务。Stork 提供了自动备份和还原的计划任务模块，用户可自定义自己数据的备份计划。

(3) Stork 服务架构。在原生 DB 内核基础上使用了高可用模式的读写分离架构，底层流复制采用最新内核架构。

(4) 支持从单机到多点在线动态扩展。

(5) 支持一主多备架构。最多支持 6 台备机，此外主机掉线后支持手动/自动切换主机功能。

(6) 提供虚拟 IP 功能，可手动关闭和配置。

3.4.2　Stork 基本操作

下面以多节点单机版安装为例，详细介绍 Stork 的安装与配置，并讲解 Stork 的基本命令用法。

Stork 3.0 结构化数据库是由上海德拓信息技术有限公司自主研发的数据库产品，所有操作均基于该公司提供的平台。

1. 安装前环境准备

(1) 实现 ssh 互通，关闭防火墙和 Selinux，确认端口占用情况。

(2) Stork 服务占用端口：14001，14101—14105（也可以自己配置 5 个连续的端口）。

(3) 确认/var/dana/stork/pgdata 中为空，或在配置时另行指定文件存储位置。

(4) Stork 引擎安装包命名规则：stork.【主版本号】.【子版本号】. tar. gz，例如，

stork. 3. 0. 197. tar. gz。

2. Stork 的安装与配置

（1）上传 Stork 安装包。将 Stork 安装包上传至任意的安装节点，命令如图 3 - 15 所示。

```
-rw-r--r--. 1 root root  16201252 7月  28 11:00 stork3.0.197.tar.gz
```

图 3 - 15　上传 Stork 安装包

（2）解压 Stork 安装包。使用 tar 命令解压 Stork 安装包，并进入解压后的目录，如图 3 - 16 所示。命令如下：

```
tar -zvxf stork3. 0. 197. tar. gz
cd stork3. 0. 197
```

```
[root@dn12 home]# tar -zvxf stork3.0.197.tar.gz
stork3.0.197/
stork3.0.197/md5.txt
stork3.0.197/stork.tgz
stork3.0.197/stork-deploy
stork3.0.197/README.txt
stork3.0.197/Version.txt
stork3.0.197/build.log
[root@dn12 home]# cd stork3.0.197
```

图 3 - 16　解压 Stork 安装包

（3）修改 stork-deploy 脚本权限 。用 ll 命令查看 stork-deploy 脚本权限，如果权限不够，则用 chmod 命令增加脚本权限。命令如下：

```
ll stork-deploy
chmod 755 stork -deploy
```

执行脚本的 help 命令，查看脚本的使用方法，如图 3 - 17 所示。命令如下：

```
. /stork-deploy -help
```

```
Commands:
   COMMAND                  description
   config                   configuration the stork install rule
   install                  Install stork packages on remote hosts.
   newcluster               make nodes be in a cluster (default: a master node, a slave node)
   uninstall                Be carefull,It will uninstall stork server from your host.

Optional arguments:
   --prefix                 specific the config where to install stork . default is '/opt/stork'.
   --data-dir               specific the config where to deploy stork data. default is '/var/dana/stork/pgdata'
   -m, --master             specific the master node addr.
   -s, --slave              specific  one or more slave node, separated by commas.
   '', --help               show this help message and exit.
   -v, --version            the current installed version of stork-deploy.

ssh connect arguments:
   -h, --host               specific the ssh host ip,can be more than one,like:"-h dn1,dn2,dn3",default is 127.0.0.1.
   -p, --port               specific the ssh port,default is 22.
   -u, --user               specific the ssh user ,default is root.
   -w, --password           specific the ssh pwd,default is null;

Examples:
    stork-deploy config show
    stork-deploy config --prefix={prefix_path} --data-dir={data-dir}
    stork-deploy install -h node1,node2,node3
    stork-deploy newcluster -m node1 -s node2,node3
```

图 3 - 17　查看 stork-deploy 脚本的用法

（4）配置 config 文件。查看默认配置情况，如图 3 - 18 所示。命令如下：

./stork-deploy config show

图 3 - 18　显示 stork-deploy 脚本默认配置

安装时执行 install 命令并指定节点，节点名用主机名或 IP 表示，如图 3 - 19 所示。命令如下：

./stork-deploy install-h dn3,dn4

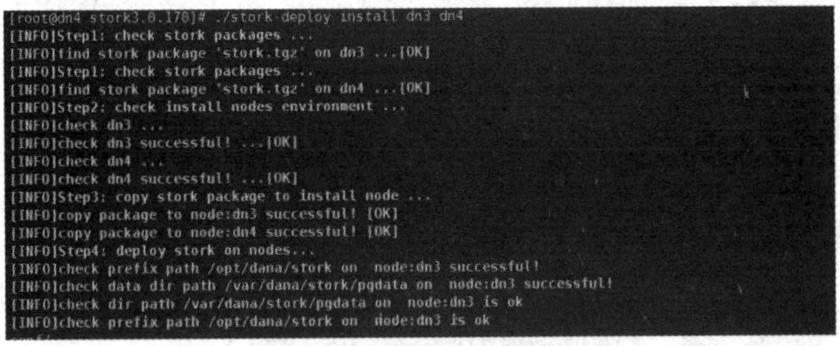

图 3 - 19　安装 Stork 包

对于未作互通的节点，可以指定密码参数：

./stork-deploy install -h 192.168.1.10 -u root -w ＊＊＊＊＊＊

至此，多节点单机安装步骤结束，如需配置集群服务，请进行以下步骤。

下面以 dn3：192.168.1.3 为主节点，以 dn4：192.168.1.4 为子节点，进行 stork 集群配置。

（1）stork-deploy 配置集群。执行新建集群操作，指定主节点、子节点。必须指定一个主节点，至少指定一个子节点。其中，-m/-- master 用于指定主节点，-s/-- slave 用于指定子节点，如图 3 - 20 所示。命令如下：

./stork-deploy newcluster -m dn3 -s dn4

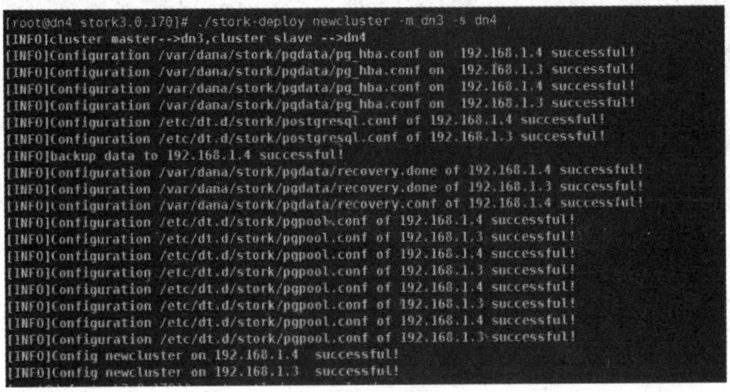

图 3 - 20　新建 Stork 集群

（2）启动集群服务。先启动各个节点的 Stork 服务，命令如下：

```
systemctl start storkdb
systemctl start storkpool
```

然后，启动主节点的 server 服务，再启动备节点的 server 服务，命令如下：

```
systemctl start storkserver
```

（3）验证服务。验证服务的用户名和密码均为 stork。下面介绍两种验证方法，即 Web 验证和后台验证。

① Web 验证。打开浏览器，输入 IP/dana/stork 进入登录页面，如图 3-21 所示，输入用户名和密码，成功进入 Stork 主页面，如图 3-22 所示。

图 3-21　Stork 登录页面

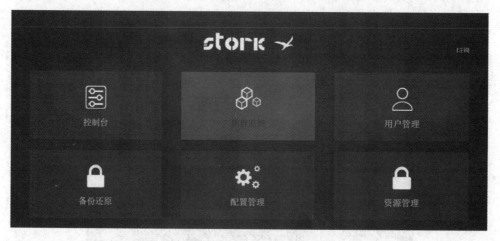

图 3-22　Stork 主页面

② 后台验证。访问数据库、pgsql 和 pgpool，命令如下：

```
su-stork
psql -h IP -p 14103 -d postgres
```

```
psql -h IP -p 14101 -d postgres
```

如果该节点上同时安装了 stork 与 danastork，那么优先安装的服务 psql 指令需要使用全路径。命令如下：

```
/opt/dana/stork/pgsql/bin/psql -h IP -p 14103 -d postgres
```

3. Stork 命令行管理

（1）创建表的命令如下：

```
create table t1(id int,name varchar,s1 char,s2 serial,s3 byte);
```

（2）表上增加/删除字段的命令如下：

```
alter table t1 add column last_update_time timestamp without time zone;
alter table t1 drop column last_update_time;
```

增加非空字段，设置默认值。命令如下：

```
alter table tx add column ostime timestamp not null default 'now()';
```

对于删除字段，如果字段上有其他对象（例如其他表的外键），则会导致 alter table 被拒绝，这时需要添加 cascade 选项。命令如下：

```
alter table t1 drop column s1 cascade;
```

（3）修改字段类型。对于相同类型的字段，可以直接进行修改。例如将 int 改成 bigint 或者 decimal 等，但是不能直接修改某些其他类型，例如 date。命令如下：

```
alter table t2 alter column id type decimal(10,2);
```

如果需要修改不同类型的字段，则需要进行强制转换，例如将 varchar 转换为 int。命令如下：

```
alter table t2 alter column id type int using id::int;
alter table t2 alter column id type date using id::date;
```

using 子句可以包含更复杂的表达式，用来将数据进行转换，例如可以截取字段等。用于转换字段的命令如下：

```
alter table ty alter column name type varchar(20) using substr(name::varchar(5),1,2);
```

（4）修改字段为非空/默认值。设置默认值的命令如下：

```
alter table t2 alter column id set default 'now()';
```

删除默认值的命令如下：

```
alter table tx alter column ostime drop default;
```

设置非空字段的命令如下：

```
alter table tx alter column ostime set not null;
```

删除非空字段的命令如下：

```
alter table tx alter column ostime drop not null;
```

(5) 修改表名的命令如下：

```
alter table ty rename to tk;
```

(6)将表移动到其他 schema 中的命令如下：

```
alter table tx set schema test;
```

(7) 将表移动到其他表空间中的命令如下：

```
#首先需要有表空间的权限
grant all on tablespace new_tablespace to brent;
alter table tx set tablespace new_tablespace;
```

移动表后，索引不会自动移动，需要手工移动索引。命令如下：

```
alter index idx_tx set tablespace new_tablespace;
```

3.4.3 Stork 存储技术应用实例

下面将详细介绍本地数据源导入到 Stork 数据库的应用实例。具体操作步骤如下。

(1) 在本地准备 news. csv 数据源文件，如图 3-23 所示。

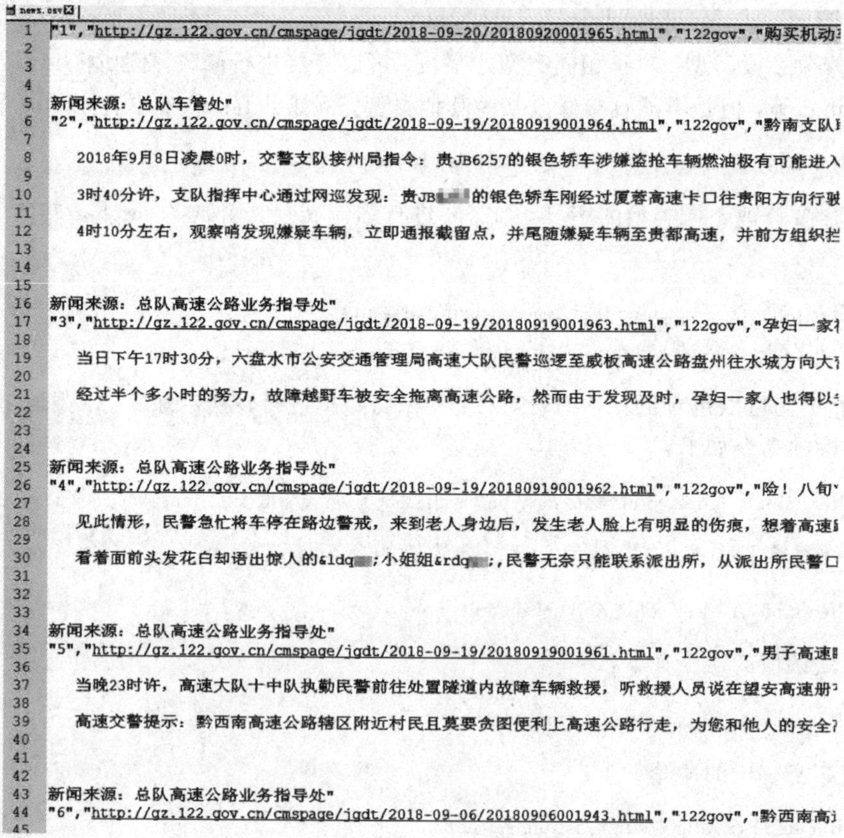
news.csv
"1","http://gz.122.gov.cn/cmspage/jgdt/2018-09-20/20180920001965.html","122gov","购买机动
新闻来源：总队车管处"
"2","http://gz.122.gov.cn/cmspage/jgdt/2018-09-19/20180919001964.html","122gov","黔南支队
2018年9月8日凌晨0时，交警支队接州局指令：贵JB6257的银色轿车涉嫌盗抢车辆燃油极有可能进入
3时40分许，支队指挥中心通过网巡发现：贵JB 的银色轿车刚经过厦蓉高速卡口往贵阳方向行驶
4时10分左右，观察哨发现嫌疑车辆，立即通报截留点，并尾随嫌疑车辆至贵都高速，并前方组织拦
新闻来源：总队高速公路业务指导处"
"3","http://gz.122.gov.cn/cmspage/jgdt/2018-09-19/20180919001963.html","122gov","孕妇一家
当日下午17时30分，六盘水市公安交通管理局高速大队民警巡逻至威板高速公路盘州往水城方向大
经过半个多小时的努力，故障越野车被安全拖离高速公路，然而由于发现及时，孕妇一家人也得以
新闻来源：总队高速公路业务指导处"
"4","http://gz.122.gov.cn/cmspage/jgdt/2018-09-19/20180919001962.html","122gov","险！八旬
见此情形，民警急忙将车停在路边警戒，来到老人身边后，发生老人脸上有明显的伤痕，想着高速
看着面前头发花白却语出惊人的&ldq ;小姐姐&rdq ;,民警无奈只能联系派出所，从派出所民警口
新闻来源：总队高速公路业务指导处"
"5","http://gz.122.gov.cn/cmspage/jgdt/2018-09-19/20180919001961.html","122gov","男子高速
当晚23时许，高速大队十中队执勤民警前往处置隧道内故障车辆救援，听救援人员说在望安高速册
高速交警提示：黔西南高速公路辖区附近村民且莫要贪图便利上高速公路行走，为您和他人的安全
新闻来源：总队高速公路业务指导处"
"6","http://gz.122.gov.cn/cmspage/jgdt/2018-09-06/20180906001943.html","122gov","黔西南高

图 3-23 news. csv 数据内容

（2）打开 WinSCP 客户端，输入远程服务器 IP 地址、端口号、用户名和密码，即可成功登录该服务器。通过 WinSCP，将 news. csv 文件上传到远程服务器中的 data 文件夹下。

（3）打开 Navicat，输入图 3-24 信息，连接 PostgreSQL 数据库。

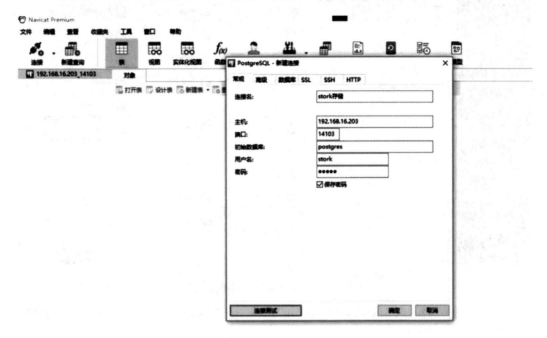

图 3-24　Navicat 连接 PostgreSQL 数据库

说明：用户名和密码均为"stork"。

（4）在 Navicat 界面，新建"stork 存储"数据库，并在创建好的"stork 存储"数据库中新建"ods_news"表。ods_news 表的字段信息如表 3-4 所示。

表 3-4　ods_news 表字段信息

字段名	字段类型	字段长度
url	text	255
source	text	255
title	text	255
post_time	text	255
section	text	255
content	text	255

（5）输入地址"192.168.16.202"，登录 DataStudio 平台，在"数据集成"模块下的"自定义采集"页面，选择数据输入源"TxtFile"和输出源"Stork"，新建后生成数据采集模板脚本文件，如图 3-25 所示。

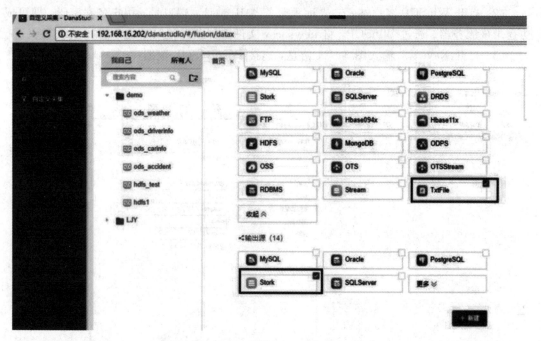

图 3-25　选择数据输入源和输出源

（6）修改输入源代码中的"path""column""index""type"和"filedDelimiter"，修改后的结果如图 3-26 所示。

图 3-26　修改输入源代码

（7）修改输出源代码中的"username""password""column"和"jdbcUrl"信息，修改后

的信息如图 3 - 27 所示。

图 3 - 27　修改模板脚本文件

（8）打开 Navicat 软件，刷新"stork 存储"数据库中"ods_news"数据表，显示结构化数据存储成功，如图 3 - 28 所示。

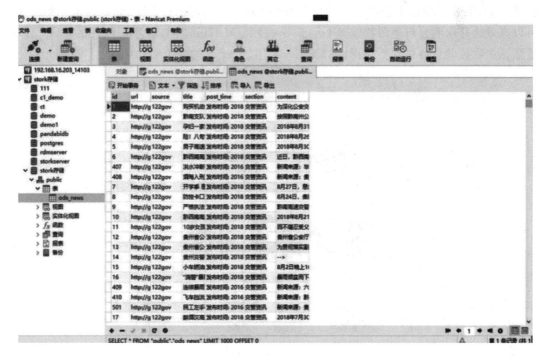

图 3 - 28　查看 ods_news 表数据

3.5　Teryx 关系型数据库存储技术

本节介绍 Teryx 的基本概念和特点，着重讲解 Teryx 的基本操作，并通过应用实例阐述 Teryx 存储技术在大数据领域的实际应用。

3.5.1　Teryx 概述

Teryx 是 DANA 3.5 大数据平台里一款 MPP（大规模并行处理）架构的分布式数据库引擎，为大数据运算分析场景的解决方案提供了有力的技术架构支撑。同时，Teryx 也是一款基于 GreenPlum 开源数据库，对其进行深度改造和封装的分布式数据库引擎，相比于原生数据库，总体性能提高约 30%。Teryx 可提供更便捷的安装部署和维护，使用户享受到更稳定的分布式数据库服务。

Greenplum DB 被称为世界上第一个开源的大规模并行数据仓库，最初基于 PostgreSQL 作为底层存储，现在已经添加了大量数据库方面的创新。Greenplum 提供 PD 级别数据量的强大和快速分析能力，特别是面向大数据方面的分析能力，支持大数据的超高性能分析查询。Greenplum 架构采用 MPP 模式，在 MPP 系统中，每个 SMP 节点可以运行自己的操作系统、数据库等。换言之，每个节点内的 CPU 不能访问另一个节点的内存。节点之间的信息交互是通过节点互联网络实现的，这个过程一般称为数据重分配（Data Redistribution）。

Teryx 是 DATATOM 基于 GPDB 开源数据库研发的数据库引擎，主要针对大数据应用的 OLAP 场景。其具有高扩展性、高可用性、并行处理分析等特点，支持数据库的横向扩展；支持便捷化的多数据源导入导出和各类数据迁移的需求；提供 PostGis 数据的存储，可以高效地存取和分析地图数据等 GIS 数据；支持 MADlib 等机器学习软件的接入，让海量数据中隐藏的价值得到更深程度的挖掘与利用。Teryx 的系统架构如图 3-29 所示。

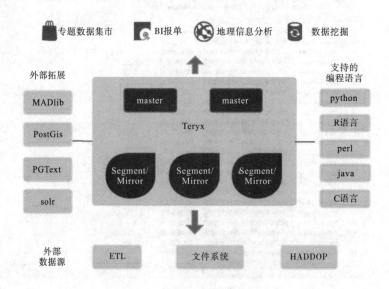

图 3-29　Teryx 的系统架构

Teryx 具有如下特点。

（1）高度集成的一键安装脚本。不论是单机还是集群都可以实现一键自动安装，支持一键扩容，并且支持每台机器根据实际硬件资源选择性能配置，根据选择级别自动配置 DB 相关的性能参数，开发者可以直接应用最佳性能的 DB。

（2）支持行存与列存的混合存储。

（3）支持 MPP 分布式数据库架构，每个节点都是一个单独的数据库。节点之间的信息交互通过节点互联网络实现。通过将数据分布到多个节点上来实现规模数据的存储，通过并行查询处理来提高查询性能。

（4）支持 Segment 节点的在线动态扩展。

（5）容错机制——镜像管理。采用了 Segment/Mirror 机制，当 Segment 节点掉线时，Mirror 会自动启动并充当 Segment 以支持数据仓库的运行，维持数据平衡。

3.5.2　Teryx 基本操作

下面以 dn3：192.168.1.11、dn4：192.168.1.12 为例，详细介绍 Teryx 的安装与配置，并讲解 Teryx 的基本命令用法。

1. 安装前环境准备

（1）实现 ssh 互通，关闭防火墙和 Selinux，集群设置好主机名，确保端口未被占用。

（2）命名 Teryx 安装包，命名规则为 teryx.［主版本号］.［子版本号］.tar.gz，例如，teryx.1.0.1044.tar.gz。

2. Teryx 的安装与配置

（1）上传 Teryx 安装包。将 Teryx 安装包上传至任意的安装节点，如图 3－30 所示。

```
drwxr-xr-x 3 root root        52 1月   9 18:13 teryx
-rw-r--r-- 1 root root 212779386 1月   9 18:13 teryx.1.0.1044.tar.gz
```

图 3－30　上传 Teryx 安装包

（2）解压安装包。使用 tar 命令解压 Teryx 安装包，并进入解压后的目录，如图 3－31 所示。命令如下：

```
tar zvxf teryx1.0.1044.tar.gz
cd teryx
```

```
[root@dn10 bterxy]# tar zvxf teryx.1.0.1044.tar.gz
teryx/
teryx/deps/
teryx/deps/python-lockfile-0.11.0-4.fc25.noarch.rpm
teryx/deps/python-paramiko-1.12.4-1.el7.centos.noarch.rpm
teryx/deps/python-setuptools-0.9.8-4.el7.noarch.rpm
teryx/deps/python2-psutil-4.3.0-2.fc25.x86_64.rpm
teryx/deps/python-crypto-2.6.1-1.el7.centos.x86_64.rpm
teryx/deps/epydoc-3.0.1-14.el7.noarch.rpm
teryx/deps/python-PSI-0.3-0.12.b2.fc24.x86_64.rpm
teryx/deps/python-six-1.9.0-2.el7.noarch.rpm
teryx/deps/python-ecdsa-0.11-3.el7.centos.noarch.rpm
teryx/teryx-deploy
teryx/teryx.tgz
```

图 3－31　解压 Teryx 安装包

（3）teryx-deploy 脚本权限修改。用 ll 命令查看 teryx-deploy 脚本权限，如果权限不够，则用 chmod 命令增加脚本权限。命令如下：

chmod 755 teryx-deploy

执行脚本的 help 命令，查看脚本的使用方法。命令如下：

./teryx-deploy -help

usage：teryx-deploy COMMAND -m[host] -h [hosts] [optional arguments]

easy deployment tool for teryx!

commands：

COMMAND	description
install	install teryx packages on remote host
uninstall	uninstall teryx server from your host
expand	expand teryx server in your old teryx cluster

（4）配置 config 文件。查看 teryx 脚本的默认配置情况，如图 3 - 32 所示。命令如下：

./teryx-deploy config show

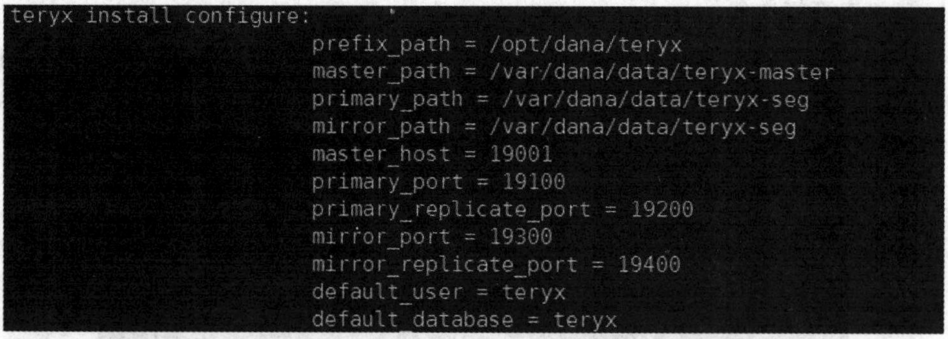

图 3 - 32　teryx-deploy 脚本默认配置

（5）安装 Teryx。安装时执行 install 命令，并指定主节点和安装节点。命令如下：

./teryx-deploy install -m dn11 -h dn11,dn12

安装过程示意图如图 3 - 33 所示。

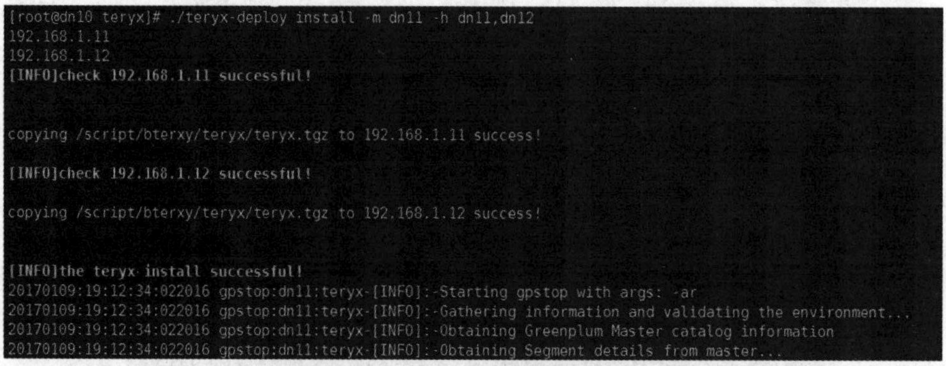

图 3 - 33　Teryx 安装过程示意图

（6）验证服务。访问数据库，开启与关闭 Teryx 服务，命令如下：

```
su-teryx
gpstart -a
gpstop -a
```

3. Teryx 命令行管理

（1）连接数据库，默认的用户和数据库是 postgres。命令如下：

```
psql -U user -d dbname
```

（2）切换数据库。命令如下：

```
use dbname;\c dbname
```

（3）列举数据库。命令如下：

```
show databases;\l
```

（4）列举表。命令如下：

```
show tables;\dt
```

（5）查看表结构。命令如下：

```
desc tblname,show columns from tbname;\d tblname
```

（6）查看索引。命令如下：

```
\di
```

（7）查看函数。命令如下：

```
\df
```

（8）创建数据库。命令如下：

```
create database [数据库名];
```

（9）删除数据库。命令如下：

```
drop database [数据库名];
```

（10）重命名一个表。命令如下：

```
alter table [表名 A] rename to [表名 B];
```

（11）删除一个表。命令如下：

```
drop table [表名];
```

（12）在已有表中添加字段。命令如下：

```
alter table [表名] add column [字段名] [类型];
```

（13）删除表中的字段。命令如下：

```
alter table [表名] drop column [字段名];
```

（14）重命名一个字段。命令如下：

alter table［表名］rename column［字段名 A］to［字段名 B］；

（15）给一个字段设置缺省值。命令如下：

alter table［表名］alter column［字段名］set default［新的默认值］；

（16）去除缺省值。命令如下：

alter table［表名］alter column［字段名］drop default；

（17）在表中插入数据。命令如下：

insert into 表名（［字段名 m］,［字段名 n］, ...）values（［列 m 的值］,［列 n 的值］, ...）；

（18）修改表中某行某列的数据。命令如下：

update［表名］set［目标字段名］=［目标值］where［该行特征］；

（19）删除表中某行数据及删除整个表。命令如下：

delete from［表名］where［该行特征］；
delete from［表名］；

（20）创建表。命令如下：

create table（［字段名 1］［类型 1］＜references 关联表名（关联的字段名）＞；,［字段名 2］［类型 2］, ... ＜,primary key（字段名 m,字段名 n, ...）＞；）；

（21）显示 PostgreSQL 的使用和发行条款。命令如下：

\copyright

（22）显示或设定用户端字元编码。命令如下：

\encoding［字元编码名称］

（23）SQL 命令语法上的说明，用 * 显示全部命令。命令如下：

\h［名称］

（24）提示用户设定内部变量。命令如下：

\prompt［文本］名称

（25）修改用户密码。命令如下：

\password［USERNAME］

（26）退出 psql。命令如下：

\q

3.5.3 Teryx 存储技术应用实例

下面使用 Teryx 存储技术对数据库表进行创建、增加、修改、删除等操作。创建一张分数表 score，包含五个字段，其中 student_id 为分布键，具体信息如表 3-5 所示。

表 3 - 5　**score 数据表信息**

字段名	字段描述
student_id	学生 ID 号
student_name	学生姓名
chinese_score	语文成绩
math_score	数学成绩
test_date	考试日期

下面详细介绍 Teryx 存储技术应用实例的具体操作。

（1）创建 score 表的 SQL 语句如下：

```
teryx= # CREATE TABLE score (
    student_id int,
    student_name varchar(40),
    chinese_score int,
    math_score int,
    test_date data
) DISTRIBUTED BY (student_id);
```

（2）为 score 表增加一个名为"导入时间"的字段 import_data，操作语句如下：

```
teryx= # alter table score add column import_date timestamp without time zone not null default now();
ALTER TABLE
```

（3）查询当前 score 表，能够发现新增导入时间字段已添加成功，如图 3 - 34 所示。

图 3 - 34　验证 import_date 字段新增成功

（4）向 score 表里插入一条数据，查询结果可知，新增字段 import_date 会默认加入当前系统时间，如图 3 - 35 所示。

```
teryx=# insert into score values(12908212,'job',98,100,'2019-01-11');
INSERT 0 1
```

图 3 - 35　向 score 表插入数据

（5）更新 score 表中的一条记录，时间改为 2019 - 01 - 11，学生名为 job 的数学成绩改为 90，如图 3 - 36 所示。

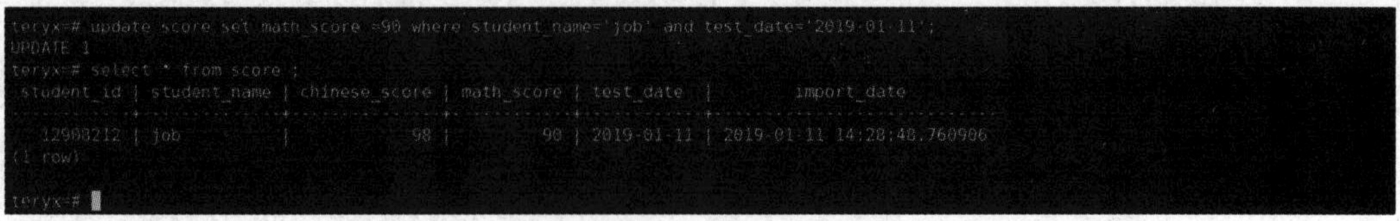

```
teryx=# update score set math_score =90 where student_name='job' and test_date='2019-01-11';
UPDATE 1
teryx=# select * from score ;
 student_id | student_name | chinese_score | math_score | test_date  |        import_date
------------+--------------+---------------+------------+------------+----------------------------
   12988212 | job          |            98 |         90 | 2019-01-11 | 2019-01-11 14:28:48.760906
(1 row)

teryx=#
```

图 3-36 更新 score 表记录

(6) 修改 score 表字段类型，并查看结果，如图 3-37 所示。

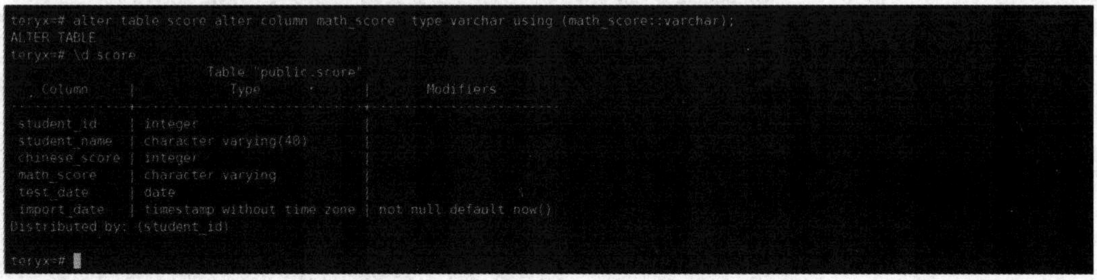

```
teryx=# alter table score alter column math_score  type varchar using (math_score::varchar);
ALTER TABLE
teryx=# \d score
                  Table "public.score"
    Column     |            Type             |       Modifiers
---------------+-----------------------------+------------------------
 student_id    | integer                     |
 student_name  | character varying(40)       |
 chinese_score | integer                     |
 math_score    | character varying           |
 test_date     | date                        |
 import_date   | timestamp without time zone | not null default now()
Distributed by: (student_id)

teryx=#
```

图 3-37 修改 score 表字段类型

(7) 删除表 score，重新查询后，该表不存在，操作 SQL 语句如下：

```
teryx=# drop table score;
DROP TABLE
teryx=# select * from score;
ERROR: relation "score" does not exist
```

本 章 小 结

本章阐述了大数据结构化数据存储技术 HBase、Hive、Stork、Teryx 的重要概念，着重讲解了这四种数据存储技术的安装配置方法，并介绍了它们的命令行管理及使用，最后结合真实的应用实例演示了大数据存储技术的应用实践。

课 后 作 业

一、选择题

1. HBase 来源于哪篇博文？(　　)

A. The Google File System　　B. MapReduce

C. BigTable　　D. Chubby

2. 下面对 HBase 的描述错误的是(　　)。

A. 不是开源的　　B. 是面向列的

C. 是分布式的　　D. 是一种 NoSQL 数据库

3. HBase 依靠(　　)存储底层数据。

A. Hadoop　　B. HDFS

C. Yarn　　D. MapReduce

4. HBase 依赖(　　　)提供强大的计算能力。

　　A. Zookeeper　　　　　　　　　　B. Chubby

　　C. RPC　　　　　　　　　　　　　D. MapReduce

5. 下面不属于 HBase 的特性的是(　　　)。

　　A. 高可靠性　　　　　　　　　　　B. 高性能

　　C. 面向列　　　　　　　　　　　　D. 高容错性

二、简单题

1. 请简述 Hive 的特点。

2. 请说明 Hive 中 Order By、Sort By、Cluster By、Distribute By 的含义。

3. 请描述 HBase 与 Hive 的特性对比。

4. 请简述 Stork 的特点。

5. 简述 Teryx 的概念。

三、编程题

1. 请把以下语句用 Hive 方式实现。

```
SELECT a.key,a.value
FROM a
WHERE a.key not in (SELECT b.key FROM b)
```

2. 写出将 text.txt 文件放入 Hive 中 test 表"2016 - 10 - 10"分区的语句，test 的分区字段是 l_date。

第 4 章　大数据半结构化数据存储技术

学习目标：
- 了解半结构化数据存储技术的基本概念；
- 理解 NoSQL 存储技术；
- 掌握 ElasticSearch 和 Eagles 的安装与操作；
- 熟练运用 ElasticSearch 和 Eagles 存储技术。

本章重点：
- NoSQL 存储技术；
- ElasticSearch 存储技术；
- Eagles 存储技术；
- 大数据半结构化数据存储技术应用。

本章从半结构化数据存储技术的特征和需求出发，概括性地阐述半结构化数据存储技术，然后详细介绍三种典型的半结构化大数据存储技术，即 NoSQL 存储技术、ElasticSearch 存储技术和 Eagles 存储技术，着重讲解 ElasticSearch 存储技术与 Eagles 存储技术的概念、特点、安装部署与基本操作，并通过应用实例诠释大数据半结构化数据存储技术的应用实践。通过本章学习，帮助读者掌握大数据半结构化数据存储技术及其应用技能。

4.1　半结构化数据存储技术概述

在传统的计算机系统内部，数据的管理、存储由文件系统来完成。在大数据时代，可以获取的数据呈指数增长，单纯通过增加硬盘个数来扩展文件系统存储容量的方式，在容量大小、容量增长速度、数据备份、数据安全等方面的表现都不尽如人意，而分布式文件系统(Distributed File System，DFS)可以有效解决这一难题。

什么是半结构化数据？半结构化数据的特征如何？半结构化大数据存储的技术需求有哪些？常用的半结构化数据存储技术又有哪些？本节将对这几个问题进行详细阐述。

4.1.1　半结构化数据概述

半结构化数据(Semi-Structured Data)是介于结构化数据(Structured Data)和非结构化数据(Unstructured Data)之间的数据，半结构化数据具有一定的结构，但不如结构化数据完整、规则和固定。半结构化数据具备如下特点。

(1) 隐含的模式信息。半结构化数据具备一定的数据结构，但其结构与数据混在一起，没有显式的模式定义，其结构信息往往隐含于数据信息中，可理解为先有数据后有模式，如 HTML 文件。

（2）不规则的结构。半结构化数据的结构不规则性主要表现为：一个数据集合可能由异构的元素组成，例如学生集合中某些学生有电子邮件地址，而另一些学生则没有；同样的信息可能由不同类型的数据表示，例如某些姓名是字符串，而另一些则是由 FirstName 和 LastName 组成的复杂结构。

（3）没有严格的类型约束。由于没有预先定义的模式，以及数据在结构上的不规则性，所以缺乏对数据的严格类型约束。

基于半结构化数据的特性和大数据的数据量级，运用传统数据存储技术来解决已显得力不从心。例如，在博客应用中，需要一次性查询到一个用户对应的多条博文。如果使用传统数据存储技术（以文件形式存储为例），每次都需要打开多个文件再进行定位和数据读入操作，这样的代价很高昂。如果使用传统的关系型数据库进行存储，一方面性能很难达到预期的效果，另一方面在当前 PB 级的大数据面前传统的数据存储方式已满足不了需求。

半结构化数据存储对数据存储技术提出了四个新的需求。

（1）存储容量的可扩展性和易扩展性。大数据时代对存储技术第一个要求就是"容量"。随着数据量的增长和变化，大数据半结构化数据存储容量也要随着数据量的变化而扩展。同时，其扩展能力和方式还必须是灵活、简单、方便和易操作的。例如，在扩展时不能停机，支持即插即用。

（2）存储技术应用场景的多样性。存储技术的应用场景，即存储技术被应用的场合和存储的数据类型，取决于所存储数据的来源。大数据时代半结构化数据来源的多样化决定了存储技术应用场景的多样化。因此，半结构化大数据的存储技术必须能够适应应用场景的多样化和具备适应场景变化的灵活性。

（3）存储数据的快速访问能力。由于数据量的增大和应用场景对存储系统响应时间更快的需求，要求存储技术能够按照外界需求快速地定位和访问目标数据。基于关系数据库的分区访问技术（水平分区和垂直分区），可以通过减少查询过程中数据输入输出的次数来缩短响应时间，但将这种分区技术用于数据规模剧增的大数据却效果并不明显。

（4）存储技术处理半结构化数据的能力。既然是用于存储半结构化数据，该存储技术必须具备处理半结构化数据的能力。对数据的处理能力，不能局限于存储结构化数据，更要随着技术、数据量和数据类型的增长，具备对半结构化数据进行识别、处理以及进行深层次加工的能力。

4.1.2　半结构化数据存储技术

半结构化数据存储技术构成包括：半结构化数据管理技术、半结构化数据搜索技术和半结构化数据处理技术。

1. 半结构化数据管理技术

常用的大数据管理技术包括：分布式存储与计算、内容数据库技术、列式数据库技术、云数据库、NoSQL 技术和移动数据库技术。其中，分布式存储与计算是当前大数据背景下最受关注的管理技术，该技术使得大数据可以以一种高效、可靠、可伸缩的方式进行处理。相对于传统的数据存储技术而言，分布式存储技术提供可并行的工作方式，使得数据的处理速度相对较快，成本相对较低，Hadoop 和 NoSQL 都属于分布式存储技术。

2. 半结构化数据搜索技术

大数据在运用处理过程中，如何快速准确地从数据库中获取目标信息，是大数据分析、处理与运用过程中不可绕开的一环。半结构化大数据搜索技术，是在网络信息检索技术基础上，针对半结构化大数据的数据特性、应用场景及搜索需求等建立的信息检索技术，其核心为搜索引擎。搜索引擎根据其搜索策略的不同，可分为：全文搜索引擎、元搜索引擎、目录搜索引擎、垂直搜索引擎、集合式搜索引擎、语义搜索引擎等。ElasticSearch 搜索技术是一种适用于分布式环境的快速、可扩展的搜索和分析引擎。基于半结构化大数据的数据特征和分布式存储特性，ElasticSearch 提供了全文搜索、结构化搜索和快速相关性搜索的能力。

3. 半结构化数据预处理技术

传统的数据存储只负责数据的存放，但随着人工智能的兴起，已越来越不能满足大数据时代的应用需求。在大数据存储过程中，应包含必要的大数据预处理技术，实现对大数据的预处理，典型的大数据预处理技术包括数据抽取、数据清洗、数据集成和数据转换等。基于半结构化数据的特征，半结构化大数据的抽取、清洗与集成显得尤为重要。

4.2　NoSQL 存储技术

本节将对 NoSQL 存储技术的产生与发展、特点与问题、主要存储方式和常用的 NoSQL 数据库做简要介绍。

4.2.1　NoSQL 概述

NoSQL 的全称是 Not Only SQL，它指的是非关系型数据库，而我们常用的都是关系型数据库。与我们常用的 MySQL、SQLServer 一样，这些数据库一般用来存储重要信息。但是，随着互联网的高速发展，传统的关系型数据库在处理超大规模、超大流量及高并发的数据时遇到瓶颈，于是 NoSQL 技术得到了快速发展。

当前，对 NoSQL 最普遍的定义是非关系型、强调键值存储和文档数据库的优点，不是单纯关系型的数据库。

NoSQL 的技术特点可以简单概括为用于高并发读写、海量数据的高效率存储和访问、高可扩展性和高可用性。主要体现在如下四个方面。

（1）易扩展性。NoSQL 数据库种类繁多，但是一个共同特点是都去掉了关系型数据库的关系型特性。数据之间无关系，这样就易于扩展。同时，也在架构层面提升了扩展能力。

（2）大数据量、高性能。NoSQL 数据库具有非常高的读写性能，尤其在大数据量下，这得益于它的无关系性，数据库结构简单。一般 MySQL 使用 Query Cache，每次进行表的更新 Cache 就失效，是一种大粒度的 Cache，再加上 Web 2.0 对交互频繁地应用，因而 Cache 性能不高。而 NoSQL 的 Cache 是记录级的，是一种细粒度的 Cache，所以 NoSQL 体现出了较高的性能优势。

（3）灵活的数据模型。NoSQL 无需事先为要存储的数据建立字段，随时可以存储自定义的数据格式。而在关系数据库里，增删字段是一件非常麻烦的事情。如果是非常大数据量的表，增加字段简直就是一个噩梦。这点在大数据量的 Web 2.0 时代尤其明显。

（4）高可用性。NoSQL 在不太影响性能的情况下，可以方便地实现高可用的架构。比如 Cassandra、HBase 模型，通过复制模型也能实现高可用。

4.2.2　关系型数据库与 NoSQL 的区别

关系型数据库中的表都是存储一些格式化的数据结构，每个元组字段的组成都一样，即使不是每个元组都需要所有的字段，但数据库会为每个元组分配所有的字段，这样的结构便于表与表之间进行连接等操作，但从另一个角度来说它也是造成关系型数据库性能瓶颈的一个因素。于是，非关系型数据库 NoSQL 应运而生，由于不可能用一种数据结构化存储所有的新需求，因此，非关系型数据库严格上不是一种数据库，而是一种数据结构化存储方法的集合。表 4-1 列出了关系型数据库与非关系型数据库 NoSQL 的功能对比。表 4-2 列出了关系型数据库与非关系型数据库 NoSQL 的优缺点对比。

表 4-1　关系型数据库与 NoSQL 的功能对比

区别	关系型数据库	NoSQL
存储方式	表格式存储。存储在表的行和列中，方便提取数据	NoSQL 通常存储在数据集中，就像文档、键值对或者图结构
存储结构	结构化数据。数据表都预先定义了结构	NoSQL 基于动态结构，容易适应数据类型和结构的变化。用于存放非结构化数据
存储规范	通过最小关系表进行存储，避免表重复，提高规范性，空间利用充分，但数据管理复杂	NoSQL 数据存储在平面数据集中，数据存在重复。数据存储为一个整体，便于读写
存储扩展	关系型数据库是纵向扩展，也就是说想要提高处理能力，要使用速度更快的计算机。因为数据存储在关系表中，操作的性能瓶颈可能涉及多个表，需要通过提升计算机性能来克服。虽然有很大的扩展空间，但是最终会达到纵向扩展的上限	NoSQL 数据库是横向扩展的，它的存储天然就是分布式的，可以通过给资源池添加更多的普通数据库服务器来分担负载
查询方式	通过结构化查询语言（SQL）来操作数据库	以块为单元操作数据，使用的是非结构化查询语言（UnQL）
事务	遵循 ACID 规则：原子性（Atomicity）、一致性（Consistency）、隔离性（Isolation）、持久性（Durability）	遵循 BASE 原则：基本可用（Basically Available）、软/柔性事务（Soft state）、最终一致性（Eventual Consistency）
性能	为了维护数据的一致性付出了巨大的代价，读写性能比较差	NoSQL 无需 SQL 解析，提高了读写性能
授权方式	关系型数据库通常有 SQL Server、MySQL、Oracle。大多数关系型数据库都需付费，成本较高	主流的 NoSQL 数据库有 HBase、Redis、MongoDB。NoSQL 数据库通常都是开源的

表 4 - 2　关系型数据库与 NoSQL 的优缺点对比

数据库类型	特　性	优　点	缺　点
关系型数据库（SQL Server、Oracle、MySQL）	（1）关系型数据库，是指采用了关系模型来组织数据的数据库； （2）关系型数据库的最大特点就是事务的一致性； （3）简单来说，关系模型指的就是二维表格模型，而一个关系型数据库就是由二维表及其之间的联系所组成的一个数据组织	（1）容易理解：二维表结构是非常贴近逻辑世界的一个概念，关系模型相对网状、层次等其他模型来说更易理解； （2）使用方便：通用的 SQL 语言使得操作关系型数据库非常方便； （3）易于维护：丰富的完整性（实体完整性、参照完整性和用户定义的完整性）大大减低了数据冗余和数据不一致的概率； （4）支持 SQL，可用于复杂查询	（1）为了维护一致性所付出的巨大代价就是其读写性能比较差； （2）固定的表结构； （3）高并发读写需求； （4）海量数据的高效率读写
NoSQL（HBase、Redis、MongoDB）	（1）使用键值对存储数据； （2）分布式； （3）一般不支持 ACID 特性； （4）非关系型数据库严格上不是一种数据库，应该是一种数据结构化存储方法的集合	（1）无需经过 SQL 层的解析，读写性能很高； （2）基于键值对，数据没有耦合性，容易扩展； （3）存储数据的格式：NoSQL 的存储格式是 Key-Value、文档、图片等形式，而关系型数据库则只支持基础类型	（1）不提供 SQL 支持，学习和使用成本较高； （2）无事务处理，附加功能 BI 和报表等支持也不好

4.2.3　NoSQL 代表

NoSQL 主要分为：键值数据库、列式数据库、文档数据库和图数据库，其中，键值数据库的代表是 Redis，列式数据库的代表是 HBase，文档数据库的代表是 MongoDB，图数据库的代表是 Neo4j。下面将对 Redis 和 MongoDB 进行详细介绍。有关 HBase 的内容，请参考本书 3.2 节。

1. Redis

Redis 是一个开源的使用 C 语言编写、支持网络、可基于内存亦可持久化的日志型、Key-Value 数据库，并提供多种语言的 API。和 Memcached 类似，它支持存储的 Value 类型相对更多，包括 String(字符串)、List(列表)、Set(集合)、Zset(sorted set，有序集合)和 Hash(哈希)。这些数据类型都支持 push/pop、add/remove，以及取交集、并集和差集等操作，而且这些操作都是原子性的。在此基础上，Redis 支持各种不同方式的排序。与 Memcached 一样，为了保证效率，数据都是缓存在内存中。区别在于 Redis 会周期性地把更新的数据写入磁盘或者把修改操作写入追加的记录文件，并在此基础上实现了主从同步。

Redis 的出现，很大程度补偿了 Memcached 这类 Key-Value 存储的不足，在部分场合可以对关系数据库起到很好的补充作用。它提供了 Java、C/C++、C♯、PHP、JavaScript、Perl、Object-C、Python、Ruby、Erlang 等客户端，使用非常方便。

　　Redis 支持主从同步。数据可以从主服务器向任意数量的从服务器上同步，从服务器可以是关联其他从服务器的主服务器。这使得 Redis 可执行单层树复制。存盘可以有意无意地对数据进行写操作。由于完全实现了发布/订阅机制，使得从数据库在任何地方同步树时，可订阅一个频道并接收主服务器完整的消息发布记录。同步对读取操作的可扩展性和数据冗余很有帮助。

　　Redis 的优势主要有以下几点。

　　(1) 性能极高：Redis 读速度是 110000 次/s，写速度是 81000 次/s。

　　(2) 丰富的数据类型：Redis 支持 String、List、Hash、Set 及 Sorted Set 数据类型操作。

　　(3) 原子性：Redis 的所有操作都是原子性的，要么成功执行，要么失败完全不执行。单个操作是原子性的。多个操作也支持事务，通过 MULTI 和 EXEC 指令包起来。

　　(4) 丰富的特性：Redis 还支持 publish/subscribe、通知、Key 过期等特性。

　　Redis 的适用场景有以下几种。

　　(1) Redis 使用最佳方式是全部数据 in-memory。

　　(2) Redis 更多场景是作为 Memcached 的替代者来使用。

　　(3) 当需要除 key/value 之外的更多数据类型支持时，使用 Redis 更合适。

　　(4) 当存储的数据不能被剔除时，使用 Redis 更合适。

2. MongoDB

　　MongoDB 是由 C++语言编写的，是一个基于分布式文件存储的开源数据库系统。在高负载的情况下，添加更多的节点，可以保证服务器性能。MongoDB 旨在为 Web 应用提供可扩展的高性能数据存储解决方案。

　　MongoDB 将数据存储为一个文档，数据结构由键值(key-value)对组成。MongoDB 文档类似于 JSON 对象。字段值可以包含其他文档、数组及文档数组。如图 4-1 所示。

```
{
    name: "sue",              ←——  field:value
    age:  26,                 ←——  field:value
    status: "A",              ←——  field:value
    groups: ["news", "sports"] ←——  field:value
}
```

图 4-1　MongoDB 文档

下面详细列举了 MongoDB 的主要特点。

　　(1) 它是一个非结构化的、面向文档存储的数据库，安装与操作比较简单。

　　(2) 它是基于文档的，而非基于表格的。

　　(3) 可以通过本地或者网络创建数据镜像，这使得 MongoDB 有更强的扩展性。

　　(4) 如果负载增加(即需要更多的存储空间和更强的处理能力)，它可以分布在计算机网络中的其他节点上，即分片。

　　(5) MongoDB 支持丰富的查询表达式。查询指令使用 JSON 形式的标记，可轻易查询文档中内嵌的对象及数组。

　　(6) GridFS 是 MongoDB 中的一个内置功能，可以用于存放大量小文件。

（7）MongoDB 允许在服务端执行脚本，可以用 Javascript 编写某个函数，直接在服务端执行，也可以把函数的定义存储在服务端，下次直接调用即可。

（8）MongoDB 支持各种编程语言：Ruby，Python，Java，C++，PHP，C#等多种语言。

MongoDB 适用场景。

（1）网站数据：MongoDB 非常适合实时的插入、更新与查询，并具备网站实时数据存储所需的复制功能及高度伸缩性。

（2）缓存：由于性能很高，MongoDB 也适合作为信息基础设施的缓存层。在系统重启之后，由 MongoDB 搭建的持久化缓存层可以避免下层的数据源过载。

（3）大尺寸、低价值的数据：使用传统的关系型数据库存储一些数据时可能会比较昂贵，在此之前，很多时候程序员往往会选择传统的文件进行存储。

（4）高伸缩性的场景：MongoDB 非常适合由数十或数百台服务器组成的数据库，MongoDB 的路线图中已经包含对 MapReduce 引擎的内置支持。

（5）用于对象及 JSON 数据的存储：MongoDB 的 BSON 数据格式非常适合文档化格式的存储及查询。

MongoDB 的使用也会有一些限制，例如它不适用于如下场景。

（1）高度事务性的系统：如银行或会计系统。传统的关系型数据库目前还是更适用于需要大量原子性复杂事务的应用程序。

（2）传统的商业智能应用：针对特定问题的 BI 数据库会产生高度优化的查询方式。对于此类应用，数据仓库可能是更合适的选择。

（3）复杂的跨文档（表）级联查询。

MongoDB 应用案例。

（1）Craiglist 上使用 MongoDB 存档数十亿条记录。

（2）FourSquare，基于位置的社交网站，在 Amazon EC2 的服务器上使用 MongoDB 分享数据。

（3）Shutterfly，以互联网为基础的社会和个人出版服务，使用 MongoDB 的各种持久性数据存储的要求。

（4）Intuit 公司，一个服务于小企业和个人的软件和服务提供商，使用 MongoDB 为小型企业跟踪用户的数据。

（5）CERN，著名的粒子物理研究所，欧洲核子研究中心大型强子对撞机的数据使用 MongoDB 存储。

4.3　ElasticSearch 存储技术

半结构化大数据由于其数据的海量性、模式的隐含性、结构的不规则性和约束的不严格性，使得传统的数据搜索引擎难以提供快速和低成本的实现途径。ElasticSearch 作为基于 Apache Luence 的分布式开源搜索引擎，为半结构化大数据的信息检索提供了有力支撑。

本节主要讲解 ElasticSearch 存储技术的概念、特点、安装配置与操作，并结合实际案例诠释 ElasticSearch 技术在半结构化大数据方面的应用。

4.3.1 ElasticSearch 概述

ElasticSearch 是一个基于 Lucene 的搜索服务器，它提供了一个基于 RESTful Web 接口的、具备分布式多用户能力的全文搜索引擎。ElasticSearch 基于 Java 开发，并作为 Apache 许可条款下的开放源码发布，是当前流行的企业级搜索引擎。ElasticSearch 能够在不同的平台上运行，使用户能够快速搜索海量数据。设计用于云计算中，能够达到实时搜索，稳定，可靠，快速，安装使用方便。

1. ElasticSearch 的特性

（1）开源的分布式、可扩展和高可用的实时文档存储；

（2）实时搜索和分析能力；

（3）功能多样的 RESTful API；

（4）横向扩展的简易性和云基础设施的易集成性。

2. ElasticSearch 的相关概念

1）索引（Index）

在 ElasticSearch 中，索引是具备某些共同特征的文档集。每一个索引包含多个类型，每个类型包含相应的多个文档，每个文档包含多个字段。一个索引包含多个 JSON 格式的文档。在 ElasticSearch 集群中的索引数量可以是任意的。

2）文档（Document）

ElasticSearch 的文档是指存储在索引里的 JSON 格式的文档。每一个文档都有一个类型和相应的唯一标识（ID）。

3）字段（Field）

字段是文档的基本单元。一个基本字段就是一个键值对。

4）类型（Type）

类型用于提供索引中的逻辑分区，代表了一类类似的文档类型。一个索引可以有多个类型，可根据上下文定义类型。

5）映射（Mapping）

映射用于映射文档的每个字段和字段的类型，映射可根据需求进行查询或修改。ElasticSearch 在创建索引时自动创建字段的映射。

6）分片（Shards）

分片是存储索引的实际物理载体，每个索引可以有多个存储数据的分片。分片分布在集群的节点中，在节点失效或新增节点时，分片可以从一个节点移动到另一个节点。在索引创建时，对索引的分片数量进行指定。

7）主分片和副本（Replicas）分片

在 ElasticSearch 中，索引中的文档皆存储在一个主数据片中和一个副本数据片中。在存储时，文档先存储在主数据片中，然后再存储到相应的副本数据片中。

副本数据片与主数据片分布在不同的节点上，可实现多请求情况下的故障转移和负载均衡，提高系统的容错性。所有副本分片构成一个完整的副本。在默认情况下，Elastic-

Search 中的每个索引都分配了 5 个主分片和 1 个副本。

8）集群（Cluster）

集群是存储索引数据的节点集合，节点会一起保存数据，并在所有节点上提供联合索引和搜索的功能。每个集群都拥有一个集群名称，便于不同的节点辨识连接，要避免在不同的环境中使用相同的集群名称。

9）节点（Node）

节点是一个集群中的单个机器，它存储数据、参与集群的索引和搜索功能。单个节点也可以看做一个集群，节点默认名称是在节点启动时分配给它的唯一标示符（UUID），节点名称也可任意制定。在一个集群中，可以拥有任意多个节点。此外，如果当前没有任何节点运行，此时启动的单个节点将会形成名为 ElaticSearch 的新的单节点集群。

4.3.2　ElasticSearch 基本操作

本节主要介绍 ElasticSearch 的安装配置与基本操作。

1. 安装 ElasticSerach

安装 ElasticSearch 之前，需要先安装一个较新的 Java 版本，可直接从 Java 官网 https://www.oracle.com/technetwork/cn/java/javase/downloads/index.html 获得最新版 Java。

从 ElasticSearch 官网 https://www.elastic.co/downloads/elasticsearch 获取最新版本的 ElasticSearch。可以在官网下载 Debian 或 RPM 包。除此之外，也可以使用官方支持的 Puppet module 或者 Chef cookbook。

解压缩后，ElasticSearch 即可运行。按照如下命令，在前台启动 ElasticSearch。

```
cd elasticsearch-<version>
./bin/elasticsearch
```

（1）如果要把 ElasticSearch 作为一个守护进程在后台运行，可以在后面添加参数 -d；

（2）如果是在 Windows 上运行 Elasticsearch，应该运行 bin\elasticsearch.bat。

打开如下终端，测试 ElasticSearch 是否启动成功，命令如下。

```
http://localhost:9200
```

应得到如下格式的响应信息

```
{
    "name" : "Tom Foster",
    "cluster_name" : "elasticsearch",
    "version" :
    {
        "number" : "2.1.0",
        "build_hash" : "72cd1f1a3eee09505e036106146dc1949dc5dc87",
        "build_timestamp" : "2015-11-18T22:40:03Z",
        "build_snapshot" : false,
        "lucene_version" : "5.3.1"
    },
```

```
    "tagline" : "You Know, for Search"
  }
```

这说明 ElasticSearch 已经成功启动并开始运行。单个节点可以作为一个运行中的 ElasticSearch 实例，而一个集群则是一组拥有相同 cluster. name 的节点，它们一起工作并共享数据，支持容错与可伸缩性。一个单独的节点也可以组成一个集群。在 elasticsearch. yml 配置文件中修改 cluster. name，该文件会在节点启动时加载（重启服务后才会生效）。当 ElasticSearch 在前台运行时，可通过按 Ctrl＋C 停止运行。

在 Window 环境下安装 ElasticSerach，主要分为以下几步：

（1）下载安装包，例如 elasticsearch-6. 4. 1. zip；

（2）直接解压至目标目录，设置该目录为 ES_HOME 环境变量；

（3）安装 JDK，并设置 JAVA_HOME 环境变量；

（4）在 Windows 下，运行如下脚本即可安装成功。

```
%ES_HOME%\bin\elasticsearch. bat
```

2. 配置 ElasticSearch

ElasticSearch 主要有以下三个配置文件：

（1）主配置文件 config/elasticsearch. yml；

（2）jvm 参数配置文件 config/jvm. options；

（3）日志配置文件 cofnig/log4j2. properties。

如果你已经使用配置管理工具（Puppet、Chef、Ansible），则可通过自动化更改配置的过程保持集群的一致性。

如果你没有使用配置管理工具，通过 parallel-ssh 管理少量服务器也可能正常工作，但伴随着集群的增长它将成为一场噩梦。在不犯错误的情况下手动编辑 30 个配置文件几乎是不可能的。

1）重要配置的修改

ElasticSearch 已经有了很好的默认值，特别是涉及性能相关的配置或者选项。在未系统地分析清楚各项配置前，建议不要轻易改动配置，否则，会因为错误的设置而导致集群的崩溃。

其他数据库可能需要进行调优，但总的来说，ElasticSearch 不需要。如果你遇到了性能问题，解决方法通常是布局更好的数据或者更多的节点。另外，有些逻辑上的配置在生产环境中是应该调整的，这些调整可能会让你的工作更加轻松，又或者因为没办法设定一个默认值（它取决于你的集群布局）而必须调整。

2）指定集群（节点）名字

ElasticSearch 默认启动的集群名字叫 elasticsearch。你最好给你的生产环境的集群改个名字，防止其他人加入集群，例如：elasticsearch_production。

可以在 elasticsearch. yml 文件中修改集群名：

cluster. name:elasticsearch_production

同样，最好也修改你的节点名字。如果不设置节点的名字，ElasticSearch 会在每次启动节点时，随机给节点指定一个名字。由于每次启动节点都会得到一个新的名字，节点的名称都是不断变化的，这会使日志变得很混乱。因此，需要给每个节点设置一个有意义的、清楚的、描述性的名字。

修改节点名也是在 elasticsearch. yml 中配置，例如：

node. name：elasticsearch_005_data

3) 路径设置

默认情况下，ElasticSearch 会把插件、日志以及你最重要的数据放在安装目录下。如果重新安装 ElasticSearch 的时候，不小心把安装目录覆盖了就可能把全部数据删掉。因此，需要把数据目录配置到安装目录以外的地方，同样也可以选择转移插件和日志目录。

可以更改如下：

path. data：/path/to/data1,/path/to/data2
Path to log files：
path. logs：/path/to/logs
Path to where plugins are installed：
path. plugins：/path/to/plugins

当存在多个目录时，可以通过逗号分隔指定多个目录。

数据可以保存到多个不同的目录，如果将每个目录分别挂载不同的硬盘，这将实现一个磁盘阵列（RAID0）。ElasticSearch 会自动把条带化数据分隔到不同的目录，以便提高性能（注：RAID0 又称为 Stripe(条带化)，在磁盘阵列中，数据是以条带的方式贯穿在磁盘阵列所有硬盘中的）。

4) 多个数据路径的安全性和性能

如同任何磁盘阵列（RAID0）的配置，只有单一的数据拷贝保存到硬盘驱动器。如果你失去了一个硬盘驱动器，你肯定会失去该计算机上的一部分数据。如果副本在集群的其他地方，可以用来恢复数据和最近的备份。

ElasticSearch 试图将全部的条带化分片放到单个驱动器来保证最小程度的数据丢失。这意味着分片将完全被放置在单个驱动器上。ElasticSearch 没有一个条带化的分片跨越在多个驱动器，因为一个驱动器的损失会破坏整个分片。

针对单节点的多个索引，ElasticSearch 支持多个数据路径的配置，但无法将数据路径配置到多个驱动器以提高一个单独索引的性能。因为，ElasticSearch 集群中的节点通常只有一个分片和驱动器。

多个数据路径是一个非常方便的功能，但由于 Elasticsearch 并不是软磁盘阵列（RAID）的软件。如果需要更高级的、稳健的、灵活的配置，需使用软磁盘阵列（RAID）的软件，而不是多个数据路径的功能。

5) 最小主节点数设置

主节点被认为是这个集群的最高管理者，它决定了什么时候可以创建新的索引，分片如何移动等等。如果集群中有两个主节点的时候，这两个节点都认为他们有集群的控制权，数据的完整性将得不到保证。

最小主节点数配置（minimum_master_nodes）用于设置集群的最小主节点数。该设定对集群的稳定极其重要，这个配置有助于防止"脑裂"。最小主节点数配置就是告诉 ElasticSearch，当没有足够 master 候选节点的时候，就不要进行 master 节点选举，等 master 候选节点足够了才进行选举。

此设置应该始终被配置为 master 候选节点的法定数，法定数等于(master 候选节点个数/2)+1。例如：如果你有 10 个节点(能保存数据，同时能成为 master)，法定数就是 6；如果有 3 个 master 候选节点和 100 个 Data 节点，法定数就是 2。

如果有两个节点，法定数当然是 2，但这意味着如果有一个节点挂掉，整个集群就不可用了。设置成 1 可以保证集群的功能，但是就无法保证集群脑裂了，像这样的情况，你最好至少保证有 3 个节点。

最小主节点数配置可以在 elasticsearch. yml 文件中实现，配置如下：

discovery. zen. minimum_master_nodes：2

由于 ELasticsearch 是动态的，可以很容易添加和删除节点，这会改变法定数。为了让配置生效，你不得不修改每一个索引节点的配置并且重启整个集群。

基于这个原因，minimum_master_nodes 允许通过 API 调用的方式动态进行配置。当你的集群在线运行的时候，你可以这样修改配置：

```
PUT /_cluster/settings
{
    "persistent" : {
        "discovery. zen. minimum_master_nodes" : 2
    }
}
```

这将成为一个永久的配置，并且无论你配置项里配置的如何，这个将优先生效。当你添加和删除 master 节点的时候，你需要更改这个配置。

4.3.3　ElasticSearch 存储技术应用实例

ElasticSearch 作为一款数据存储索引引擎，能够对半结构化数据进行存储。下面通过 ElasticSearch 命令对存储的半结构化数据进行增、删、改、查等操作。

1. 添加两个学生的成绩

添加命令使用 XPUT，格式规范为：ip:port/库/表/id。分别添加 id 为 1 和 2 的学生成绩，具体操作命令如下：

```
curl -XPUT 'http://192.168.1.45:9200/school/jsj/1'-d '{
  "class":"大数据",
  "subject":"math",
  "name": {
    "first":"zhang",
    "last":"san"
  },
  "create_time":"2019-05-10",
  "score":"95"
}'
```

输出结果如下：

```
curl -XPUT 'http://192.168.1.45:9200/school/jsj/2'-d '{
   "subject": "math",
   "name": {
      "first": "li",
      "last": "si"
   },
   "create_time": "2019-05-13",
   "score": "63"
}'
```

2. 通过浏览器用 id 查询学生成绩

通过浏览器用 id 查询学生成绩具体操作命令如下：

```
http://192.168.1.45:9200/school/jsj/1
```

输出结果如下：

```
{
   "_index": "school",
   "_type": "jsj",
   "_id": "1",
   "_version": 1,
   "found": true,
   "_source": {
      "class": "大数据",
      "subject": "math",
      "name": {
         "first": "zhang",
         "last": "san"
      },
      "create_time": "2019-05-10",
      "score": "95"
   }
}
```

3. 在 Linux 中通过 curl 方式用 id 查询学生成绩

查询命令使用 XGET，具体操作如下：

```
curl -XGET'http://192.168.1.45:9200/school/jsj/1'
```

输出结果如下：

```
{
   "_index": "school",
   "_type": "jsj",
   "_id": "1",
   "_version": 1,
```

```
      "found": true,
      "_source": {
        "class": "大数据",
        "subject": "math",
        "name": {
          "first": "zhang",
          "last": "san"
        },
        "create_time": "2019-05-10",
        "score": "95"
      }
    }
```

4. 更新 id 为 1 的学生成绩

更新命令为 XPUT，更新完成后重新执行查看操作，分数已更新为 100。具体操作如下：

```
curl -XPUT 'http://192.168.1.45:9200/school/jsj/1' -d '{
    "subject": "math",
    "name": {
      "first": "zhang",
      "last": "san"
    },
    "create_time": "2019-05-11",
    "score": "100"
}'
```

返回结果如下：

```
{
    "_index": "school",
    "_type": "jsj",
    "_id": "1",
    "_version": 2,
    "result": "updated",
    "_shards": {
      "total": 2,
      "successful": 1,
      "failed": 0
    },
    "created": false
}
```

5. 删除一个文档

使用 XDELETE 命令执行删除操作，具体操作如下：

```
curl-XDELETE 'http://192.168.1.45:9200/school/jsj/1'
```

返回结果如下：

```
{
    "found": true,
    "_index": "school",
    "_type": "jsj",
    "_id": "1",
    "_version": 5,
    "result": "deleted",
    "_shards": {
        "total": 2,
        "successful": 1,
        "failed": 0
    }
}
```

再查看 id 为 1 的返回数据为：

```
{
    "_index": "school",
    "_type": "jsj",
    "_id": "1",
    "found": false
}
```

4.4　Eagles 存储技术

随着大数据产业快速发展，大数据平台和技术的应用成为各行各业迫切想要了解的问题，也是大数据在行业应用上的一个主要出发点。如今，大数据技术已广泛应用于工业、能源、医疗、金融、电信、交通等行业，如何整合数据、利用数据创造价值是大数据存储技术的关键点。本节将以医疗大数据、智慧国土大数据、能源电力大数据为例，解读大数据存储技术的应用。

4.4.1　Eagles 概述

Eagles 实时搜索与分析引擎，是 DATATOM 研发的，为大数据检索分析业务提供的一套实时、多维、交互式查询统计分析系统，它是 DANA 智能数据平台服务中一个核心模块，具有高扩展性、高通用性、高性能的特点，能够为公司各个产品在大数据的统计分析方面提供完整的解决方案，让万级、千亿级数据下的秒级统计分析变为现实。

检索引擎的功能和性能决定了大数据系统的响应能力和可用性，同时很多大数据分析和挖掘操作也是依赖于底层实时查询技术，因此在海量数据规模下，能获得秒级的响应是大数据应用系统的一个关键指标。

同时，作为大数据平台，不可避免的涉及数据集成的问题，Eagles 内置了数据集成工具，更方便的帮助开发者对接来自各个平台的数据，包括 PgSQL、MySQL、DB2、Oracle、Csv 等都可以支持。

Eagles 采用全对称分布式架构，具有高伸缩高可用的特性，每台物理节点对等，既拥有非常好的扩展性，可以轻松扩展到上百台服务器，又具备成熟的故障恢复机制，满足企业对数据可靠性的要求。

系统包含索引系统、检索系统、分词系统、分析模块、SQL 解析层等部分，完全采用 RESTful 的 API，使用 JSON 通过 HTTP 调用所有功能，此外也提供了各种语言的开发包，如 Java、Python、PHP、Perl、Ruby 等各种语言 SDK。

1. Eagles 引擎特性

1）易于管理

Eagles 实时搜索与分析引擎自带简洁的 Web 管理控制界面，方便进行远程维护和管理。

2）高扩展性

Eagles 拥有非常灵活的扩展性，只需横向扩展新的节点，即可轻松应对更高级别的数据量，可以扩展到上百台服务器，高效处理 PB 级数据。

数据索引库可以设置任意多分片，分片会在集群节点之间自动均衡负载，当集群扩容或缩小的时候，Eagles 会自动在节点之间迁移分片，以保证集群的负载平衡。

用户提交查询请求时，请求也会分发到每个涉及的节点，在多个分片中并发查询，合并操作会选择在其中一个负载较轻的分片中进行，此特性在海量数据的时候优势体现得愈加明显。

3）高可用性

Eagles 拥有非常完善的故障异常处理机制，任何节点故障不影响系统正常使用。由于 Eagles 采用对等节点机制，集群内部自动检测节点的增加、失效和恢复，并重新组织索引。

同时索引库支持设置多副本机制，任一索引分片都在不同的节点上有副本，任意节点故障系统都会在毫秒级检测到异常并启动副本复制，不会影响应用系统的正常使用。

4）RESTful 跨平台接口

Eagles 支持 RESTful 的 API，可以使用 JSON 通过 HTTP 调用它的各种功能，包括搜索分析与监控。此外，它还为 Java、PHP、Perl、Python、Ruby 等各种语言提供了原生的客户端类库。

2. Eagles 引擎的高级特性

1）支持多种数据源

Eagles 实时搜索与分析引擎与数据源的关系结合密切，因此通过整合 Crab 数据收集引擎的数据获取能力，使得 Eagles 也能够支持多种数据源的获取，如传统 ETL 抽取工具、网页 Spider 爬虫数据、各种数据库、文件系统、邮件以及 RabbitMQ 消息队列。

另外，也可直接使用 Eagles 自带的数据集成功能，创建定时任务从原有业务系统数据库导入数据，目前支持 Oracle、MySQL、SQL Server、Postgres、DB2 等结构化数据库数据的在线实时导入，数据库 CSV 文件数据的导入，以及实时监控文本日志文件等过滤分析处理后数据的导入，并支持数据导入任务的实时监控和管理。

2）海量数据索引

Eagles 实时搜索与分析引擎还具备海量数据索引的能力，在建立索引时用户可以完全自定义索引结构，设置索引分片数、副本数等，也可实现索引数据的增删改查等基础操作以及开启、关闭、删除、回收和还原等处理。Eagles 默认支持对所有字段进行索引，并可同时跨多个索引进行检索，通过执行由简单到复杂的过滤条件，能够快速返回精确的搜索结果，由于索引采用了分布式的负载均衡进行分片处理，所以 TB 级的数据查询也能够毫秒级响应。

3）实时数据分析

Eagles 实时搜索与分析引擎提供了丰富的聚合/分类算法，利用其冗长但是强大的 Aggregation DSL 可以表达出比 SQL 还要复杂的聚合逻辑，为数据分析提供了有力的支撑，目前 Eagles 支持：

（1）域的折叠与融合；

（2）百分位等级聚合，该功能展示了观测值在某个特定值之下的百分率；

（3）地理范围聚合，该功能提供了一个覆盖了所有位置值的范围框图。

4）数据地图搜索

Eagles 实时搜索与分析引擎通过内置 Geo 字段，只要文档中包含空间信息字段，即可使用 Eagles 搜索 API 进行空间搜索、距离搜索、范围搜索、空间统计等高级功能。

5）Schema-Free

Eagles 既可以搜索也可以保存数据，它提供了一种半结构化、不依赖 Schema 且基于 JSON 的模型，你可以直接传入原始的 JSON 文档，Eagles 会自动地检测出数据类型，并对文档进行索引。你也可以对 Schema 映射进行定制，以实现特殊的自定义需求，例如对单独的字段或文档进行 boost 映射，或者是定制全文搜索的分析方式等。

6）专业的 Query DSL 查询

Eagles 完整的支持了基于 JSON 的 Query DSL 通用查询框架。Query DSL 是一个 Java 开源框架，用于构建类型安全的 SQL 查询语句，它采用 API 代替拼凑字符串来构造查询语句，有如下几大特点。

（1）Query DSL 仅仅是一个通用的查询框架，专注于通过 Java API 构建类型安全的 SQL 查询。

（2）Query DSL 可以通过一组通用的查询 API 为用户构建出适合不同类型 ORM 框架或者是 SQL 的查询语句，也就是说 Query DSL 是基于各种 ORM 框架以及 SQL 之上的一个通用的查询框架。

（3）借助 Query DSL 可以在任何支持的 ORM 框架或者 SQL 平台上以一种通用的 API 方式来构建查询。QueryDSL 支持的平台包括 JPA、JDO、SQL、JavaCollections、RDF、Lucene、Hibernate Search。（QueryDSL 语法可参考 http://www.querydsl.com）

7）简单易用的 SQL 查询

除了 Query DSL 查询语法的支持，Eagles 还提供了 SQL 的查询方式，让熟悉数据库的你轻松上手，支持常用语法 Select、Where、Order By、Group By、And/Or、Like、Count、Sum、Between 等查询。

8）数据安全重要保障

Eagles 实时搜索与分析引擎为了保证索引数据的绝对安全性，提供了完善的备份机制——索引快照，可以同时备份多个索引。并且，Eagles 还提供了定时备份配置，可以每隔若干小时、天自动备份快照，让你无需手动备份。当索引数据丢失时，可利用索引快照进行恢复，并且支持灵活选择恢复任何一个快照。

9）与 Hadoop 兼容和集成

DATATOM 将自身在数据检索处理上的丰富经验与 Hadoop 开源平台高效整合，将 Eagles 实时搜索与分析引擎与 Hadoop 无缝集成，同时引入了 MapReduce，极大地增强了系统在数据分析方面的扩展能力。Eagles 实时搜索与分析引擎是基于 Hadoop 平台进行数据挖掘与分析的，Eagles 将分片的信息暴露给 Hadoop，以此可以实现协同定位。作业任务会在每个 Eagles 分片所在的同一台机器上运行，Eagles 能够提供近乎实时的响应速度，这极大改善了 Hadoop 作业的执行速度以减少各种开销。

10）支持多语言分词，自定义行业词库

Eagles 内置了多种语言的分词器，目前内置英文、中文、日文、俄文、法文拼音分词，不同的分词器有不同的分词算法，用户可以根据自己的需求选择适合的分词器。Eagles 词库支持自定义，以提升全文搜索的准确率。目前，Eagles 内置了 68 份行业词库，在此基础上，用户还可以自己上传词库，提高全文搜索的准确性。

3. Eagles 优势及特点

（1）高可扩展性。您只需横向扩展新的节点，即可轻松应对更高级别的数据量，Eagles 拥有无与伦比的扩展性，可以扩展到上百台服务器，高效处理 PB 级数据。

（2）实时搜索和分析。Eagles 默认支持对所有字段进行索引，可同时跨多个索引检索，由简单至复杂的条件过滤，快速返回精确的搜索结果。

（3）支持增量索引。系统可以在搜索服务不停的前提下继续索引新的数据，索引完成后，可以搜索新的数据。

（4）全文搜索。Eagles 提供了强大的全文搜索功能、友好的查询界面和返回结果、支持多语言搜索、涵盖嵌套、地理坐标、上下文等多种数据类型。

（5）拼音搜索。Eagles 支持拼音搜索，支持全拼简拼，帮助开发者快速搭建需要拼音搜索的应用。

（6）定制词库。Eagles 内置 68 个行业词库，如果无法满足您的需求，也可自定义词库，上传到 Eagles，让你的全文搜索更加准确。

（7）强容错。Eagles 拥有强容错性，提供了多分片、多副本，均衡分布于多个节点，同时在多个节点上记录了事务日志，并且 Eagles 还提供完善的数据备份机制，可以同时备份多个索引，以减少任何数据丢失的机会。

（8）自动平衡恢复性。Eagles 集群拥有平衡恢复数据的特性，它们会自动检测到新的或失败的节点，进行平衡和恢复数据，以确保您的数据安全和方便，同时平衡各个节点的压力。

（9）定时备份。Eagles 拥有定时备份数据功能，可间隔若干小时、天来定期备份您的重要数据，保证数据安全。

（10）数据集成。Eagles 现在可以直接抽取各种数据库、CSV 文件 log 日志等多种数据，能够更容易形成大数据并进行分析和开发。

（11）智能字段。Eagles 无固定字段限制，让您使用随心所欲，插入一段 JSON 格式文档，系统会自动检测数据的结构和类型，并自动建立索引，让您的文档随时可以被检索，当然您也完全可以按照特定的需求自定义索引设置。

（12）索引重建。Eagles 现在可以支持重建索引，方便在选错字段类型的情况下，避免再次导入数据，快速重建索引。

（13）高一致性。Eagles 具备完善的版本控制以防止多进程并发访问的时候会出现不一致。

（14）跨平台。Eagles 使用标准 RESTful API 接口，使用 JSON 格式传输，支持任何应用，任何平台，同时也提供 C♯、Java、PHP、Python、Go、Perl、Ruby 等 SDK 供二次开发。

4.4.2　Eagles 基本操作

本节主要介绍 Eagles 的安装配置与基本操作。

1. 安装前准备

（1）Docker 安装。安装命令如下：

```
docker run -p 8887:8887 -p 17100:17100 -p 17200:17200 -p 27100:27100 -v/sobeyhive/data/eagles:/var/dana/data/eagles centos:eagles
```

启动后可以直接跳至验证步骤，检查集群是否搭建成功。

（2）Java 环境配置。运行如下命令查看系统当前 JDK 版本：

```
java -version
```

如果 Java 版本低于 1.7，需先卸载旧版本，再安装 Java 1.7。安装命令如下：

```
yum install java-1.7.0-openjdk *
```

安装成功后，再次查看 Java 版本，如图 4-2 所示。

```
java -version
```

```
[root@localhost ~]# java -version
java version "1.7.0_95"
OpenJDK Runtime Environment (rhel-2.6.4.0.el7_2-x86_64 u95-b00)
OpenJDK 64-Bit Server VM (build 24.95-b01, mixed mode)
```

图 4-2　验证 Java 安装成功

2. 安装 Eagles

（1）Eagles 的安装包有两个文件：eagles.taz 和 install.sh；

（2）运行 ./install.sh 安装，安装成功。

使用 ps -ef|grep eagles 命令检查服务是否成功开启，如图 4-3 所示。

```
[root@localhost software]# ps -ef|grep eagles
root      4308     1  0 15:20 ?        00:00:00 /bin/sh ./eaglesdaemon
root      4344     1  0 15:20 ?        00:00:00 ./eaglesserverd
root      4567     1 32 15:21 ?        00:00:03 java -Xms1g -Xmx1g -Djava.awt.headless=true -XX:+UseParNewGC -XX:+UseConcMarkSweepGC -XX:+CMSInitiatingOccu
pancyFraction=75 -XX:+UseCMSInitiatingOccupancyOnly -XX:+HeapDumpOnOutOfMemoryError -XX:+DisableExplicitGC -Dfile.encoding=UTF-8 -Delasticsearch -Des.pidfil
e=/var/run/eagles.pid -Des.path.home=/opt/eagles -cp :/opt/eagles/lib/elasticsearch-1.5.2.jar:/opt/eagles/lib/*:/opt/eagles/lib/sigar/* -Des.default.path.ho
me=/opt/eagles -Des.default.path.logs=/var/log/eagles -Des.default.path.data=/var/eagles/data -Des.default.path.work=/var/eagles/work -Des.default.path.conf
=/etc/eagles -Des.default.config=/etc/eagles/eagles.yml org.elasticsearch.bootstrap.Elasticsearch
root      4635  2669  0 15:21 pts/0    00:00:00 grep --color=auto eagles
```

图 4-3　检查服务启动是否成功

3. 安装 Web 环境(datrix 基础包)

查看 Web 环境 datrix 基础包的内容，如图 4 - 4 所示。

```
[root@localhost datrix]# ll -h
总用量 520M
-rwxr-xr-x. 1 root root  17M 3月   2 15:50 apache2.tar.gz
drwxr-xr-x. 2 root root 4.0K 3月   2 15:50 conf
-rwxr-xr-x. 1 root root 8.1M 3月   2 15:50 exbin.tgz
-rwxr-xr-x. 1 root root  22K 3月   2 15:50 fontconfig.tar.gz
-rwxr-xr-x. 1 root root 270M 3月   2 15:50 fonts.tar.gz
-rw-r--r--. 1 root root 726K 3月   2 15:50 gmp.tgz
-rwxr-xr-x. 1 root root  994 3月   2 15:50 httpd
-rwxr-xr-x. 1 root root  994 3月   2 15:50 httpd.service
drwxr-xr-x. 2 root root 4.0K 3月   2 15:50 init.d
-rwxr-xr-x. 1 root root 1.2K 3月   2 15:50 init_postgres.sh
-rwxr-xr-x. 1 root root  13K 3月   2 15:50 install.sh
-rwxr-xr-x. 1 root root 135M 3月   2 15:51 libreoffice3.6.tar.gz
drwxr-xr-x. 2 root root    6 3月   2 15:51 libs
-rwxr-xr-x. 1 root root  30M 3月   2 15:51 libs.tar.gz
-rwxr-xr-x. 1 root root  35M 3月   2 15:51 mysql.tar.gz
-rwxr-xr-x. 1 root root 737K 3月   2 15:51 pga.tar.gz
-rwxr-xr-x. 1 root root 7.1M 3月   2 15:51 phpMyAdmin.tar.gz
-rw-r--r--. 1 root root  18M 3月   2 15:51 php.tar.gz
drwxr-xr-x. 2 root root   49 3月   2 15:51 sysconf
-rwxr-xr-x. 1 root root 5.0K 3月   2 15:51 uninstall.sh
```

图 4 - 4　查看 datrix 基础包内容

使用图 4 - 4 中的 install. sh 安装脚本安装 Eagles，命令如下：

./install. sh　/　/etc/　/var/

安装之后使用命令 ps -ef|grep httpd 检查 httpd 服务是否正常开启，正常即可登录 Web 验证服务是否正常，如图 4 - 5 所示。

```
[root@DN ~]# ps -ef|grep httpd
root      4144     1  0 Feb25 ?        00:00:11 /opt/webdav/bin/httpd -k start
root      4147  4144  0 Feb25 ?        00:00:00 /opt/webdav/bin/httpd -k start
root      4148  4144  0 Feb25 ?        00:00:00 /opt/webdav/bin/httpd -k start
root      4149  4144  0 Feb25 ?        00:00:00 /opt/webdav/bin/httpd -k start
root      4150  4144  0 Feb25 ?        00:00:00 /opt/webdav/bin/httpd -k start
root      4151  4144  0 Feb25 ?        00:00:00 /opt/webdav/bin/httpd -k start
root     11359     1  0 15:37 ?        00:00:00 /opt/datrix/apache2/bin/httpd -k start -f /opt/datrix/apache2/conf/httpd.conf
root     11366 11359  0 15:37 ?        00:00:00 /opt/datrix/apache2/bin/httpd -k start -f /opt/datrix/apache2/conf/httpd.conf
root     11367 11359  0 15:37 ?        00:00:00 /opt/datrix/apache2/bin/httpd -k start -f /opt/datrix/apache2/conf/httpd.conf
root     11368 11359  0 15:37 ?        00:00:00 /opt/datrix/apache2/bin/httpd -k start -f /opt/datrix/apache2/conf/httpd.conf
root     12162 11359  0 15:38 ?        00:00:00 /opt/datrix/apache2/bin/httpd -k start -f /opt/datrix/apache2/conf/httpd.conf
root     27850 27783  0 16:01 pts/2    00:00:00 grep httpd
```

图 4 - 5　检查 httpd 服务启动是否成功

4. 检查集群是否搭建成功

1) 方法 1

登录 Web 页面 http://172.16.184.184:17200/cluster/health，查看返回值中 number _of_nodes 个数是否等于节点数，如果等于则集群正常，如图 4 - 6 所示。

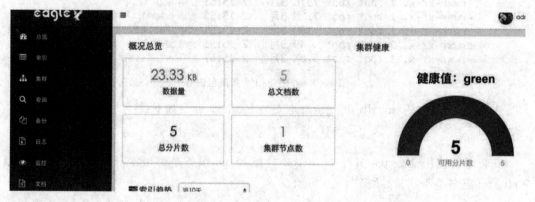

```
← → C [] 172.16.184.184:17200/cluster/health
{
        "code": 200,
        "result":    {
                "cluster_name": "eagles",
                "status":        "green",
                "timed_out":     false,
                "number_of_nodes":        1,
                "number_of_data_nodes": 1,
                "active_primary_shards":        5,
                "active_shards":        5,
                "relocating_shards":    0,
                "initializing_shards":  0,
                "unassigned_shards":    0,
                "number_of_pending_tasks":      0
        }
}
```

图 4-6 检查集群搭建是否成功

2）方法 2

打 开 Web 页 面 http://172.16.184.184:8887/dana/eagles/login.php，输 入 用 户 admin，密码 admin123456，登录 Eagles 页面。如果集群节点数显示正常，那么集群搭建成功，如图 4-7 所示。

图 4-7 进入 Eagles 页面查看集群情况

5. 安装 Eagles 可能出现的问题

安装 Eagles 过程中可能出现"curl：（7）Failed connect to 127.0.0.1:17100；拒绝连接"问题，如图 4-8 所示。

```
tar -xvf eagles.tgz successfully
web install...
web install successfully
server install...
Install eagles: ...........................................[ ok ]
Starting eagles (via systemctl):                        [  确定  ]
Starting eaglessvrdaemon (via systemctl):               [  确定  ]
Starting eaglessvr (via systemctl):                     [  确定  ]
curl: (7) Failed connect to 127.0.0.1:17100; 拒绝连接
curl: (7) Failed connect to 127.0.0.1:17100; 拒绝连接
curl: (7) Failed connect to 127.0.0.1:17100; 拒绝连接
eagles install successfully
```

图 4-8 安装 Eagles 出现的问题

之后 ps -ef|grep eagles 发现少了一个进程，如图 4 - 9 所示。

```
[root@localhost software]# ps -ef|grep eagles
root      2749      1  0 11:11 ?        00:00:00 /bin/sh ./eaglesdaemon
root      4509   2612  0 11:16 pts/0    00:00:00 grep --color=auto eagles
```

图 4 - 9　Eagles 进程未启动

原因可能是内存不足，默认内存设置为 8g，采用如下指令修改内存：

vi /opt/eagles/bin/eagles. in. sh

if ["x $ ES_MIN_MEM" = "x"]; then

ES_MIN_MEM＝1g

fi

if ["x $ ES_MAX_MEM" = "x"]; then

ES_MAX_MEM＝1g

8g 修改为 1g(或者 512M,区分大小写)，之后使用/etc/init. d/eagles restart 命令重启 Eagles 服务，并使用 ps -ef|grep eagles 命令检查服务是否开启。如图 4 - 10 所示。

```
[root@localhost software]# ps -ef|grep eagles
root   4308      1  0 15:20 ?        00:00:00 /bin/sh ./eaglesdaemon
root   4344      1  0 15:20 ?        00:00:00 ./eaglesserverd
root   4567   1 32 15:21 ?          00:00:03 java -Xms1g -Xmx1g -Djava.awt.headless=true -XX:+UseParNewGC -XX:+UseConcMarkSweepGC -XX:CMSInitiatingOccu
pancyFraction=75 -XX:+UseCMSInitiatingOccupancyOnly -XX:+HeapDumpOnOutOfMemoryError -XX:+DisableExplicitGC -Dfile.encoding=UTF-8 -Delasticsearch -Des.pidfil
e=/var/run/eagles.pid -Des.path.home=/opt/eagles -cp /opt/eagles/lib/elasticsearch-1.5.2.jar:/opt/eagles/lib/*:/opt/eagles/lib/sigar/* -Des.default.path.ho
me=/opt/eagles -Des.default.path.logs=/var/log/eagles -Des.default.path.data=/var/eagles/data -Des.default.path.work=/var/eagles/work -Des.default.path.conf
=/etc/eagles -Des.default.config=/etc/eagles/eagles.yml org.elasticsearch.bootstrap.Elasticsearch
root   4635   2669  0 15:21 pts/0    00:00:00 grep --color=auto eagles
```

图 4 - 10　Eagles 服务启动成功

然后运行初始化脚本/etc/init. d/eaglesInit. sh，结果如图 4 - 11 所示。

```
[root@localhost apache2]# /etc/init.d/eaglesInit.sh
{"_index":"system","_type":"tp_user_mgm","_id":"admin","_version":1,"created":true}{"acknowl
edged":true}{"_index":"system","_type":"eagles_ip","_id":"AEFC63F1-4E3C-4FD5-BB8C-A3D46B5
52ABF","_version":1,"created":true}
```

图 4 - 11　初始化 Eagles

6. 安装 Web 环境 datrix 基础包可能遇到的问题

使用 ps 命令查看 httpd 进程，发现 httpd 服务没有启动，如图 4 - 12 所示。

```
[root@localhost apache2]# ps -ef|grep httpd
root     11242   2669  0 16:04 pts/0    00:00:00 grep --color=auto httpd
[root@localhost apache2]#
```

图 4 - 12　httpd 进程未启动

直接运行 httpd，发现少了某库，如图 4 - 13 所示。

```
[root@localhost bin]# /opt/datrix/apache2/bin/httpd
/opt/datrix/apache2/bin/httpd: error while loading shared libraries:libaprutil-1.so.0:cannot open
shared object file: No such file or directory
```

图 4 - 13　运行 httpd 报错

分析原因，缺少了 apache 的 apr -util 的支持，重新安装 yum install -y apr -util 即可。安装完毕后，使用/etc/init. d/httpd start 命令重新启动即可，如图 4 - 14 所示。

```
[root@localhost bin]# /etc/init.d/httpd start
Reloading systemd:                                        [ 确定 ]
Starting httpd (via systemctl):                           [ 确定 ]
[root@localhost bin]# ps -ef|grep httpd
root     12445     1  2 16:12 ?        00:00:00 /opt/datrix/apache2/bin/httpd -k start -f /opt/datrix/apache2/conf/httpd.conf
root     12452 12445  0 16:12 ?        00:00:00 /opt/datrix/apache2/bin/httpd -k start -f /opt/datrix/apache2/conf/httpd.conf
root     12453 12445  0 16:12 ?        00:00:00 /opt/datrix/apache2/bin/httpd -k start -f /opt/datrix/apache2/conf/httpd.conf
root     12454 12445  0 16:12 ?        00:00:00 /opt/datrix/apache2/bin/httpd -k start -f /opt/datrix/apache2/conf/httpd.conf
root     12549  2669  0 16:12 pts/0    00:00:00 grep --color=auto httpd
[root@localhost bin]#
```

图 4 - 14 httpd 服务启动成功

如果 httpd 启动之后 Web 还是无法访问，可尝试运用如下命令关闭防火墙。

♯Centos6 版本的命令用法

/etc/init. d/iptables stop

♯Centos7 版本的命令用法

systemctl stop firewalld

7. Eagles 操作

1）主要操作内容

主要包含：索引、搜索、Query DSL 和 SQL 共四个部分。

索引（Index）是 Eagles 对逻辑数据的逻辑存储，它在底层被划分成一个或多个更小的部分（分片），存储在集群中不同的节点上。这种分布式的特性使得 Eagles 的性能远远高于关系型数据库。而分片又可以有多个副本，这又为数据安全和集群的恢复能力提供了有力的保障。索引分以下几个模块。

（1）索引模块：包含索引的创建、删除、打开、关闭、列举等常规操作。

（2）表结构模块：包含索引表结构的设置、获取、删除等操作。

（3）别名模块：索引可以有零到多个别名，本模块提供针对索引别名的创建、删除操作。

（4）监视模块：包含对索引变化趋势、查询有效性等监视性信息的查看。

（5）优化模块：包含针对索引的刷新、优化、清除缓存等操作。

搜索模块是 Eagles 引擎的核心，它提供了非常灵活的查询语言（Query DSL），通过在请求的 Body 中编写基于 JSON 的查询语句，很容易实现复杂的复合查询。本节立足于介绍基本的 API 使用方法，不介绍 Query DSL 查询语言。

（1）增删改模块：主要提供对于文档的增加、删除、修改等操作的 API。

（2）搜索模块：主要提供文档搜索相关的 API。

Eagles 基于 JSON 提供了完整 Query DSL 支持来定义查询。宏观上来看，Query DSL 支持基本的查询，例如 term、prefix 等；同时也支持像 Bool 这样的组合查询；另外，还支持在查询语句中使用过滤器（如：filtered、constant_score 等）来实现带过滤的查询。

可以把 Query DSL 想象成查询的语法抽象树（AST），某些查询内部还可以包含其他的查询（如 bool 查询），还有的可以包含过滤器（如：contant_score），甚至有些查询可以同时包含其他的查询和过滤器（如：filtered）。你可以任意地指定包含哪些过滤器或是子查询语句，这为编写复杂的查询语句提供了可能。其共分为查询模块、过滤器模块和聚合分析模块三个部分。

Eagles 提供大部分开发人员熟悉的 SQL 语法来搜索和删除 Eagles 内的文档,加速开发,大大减轻学习成本。

2) Eagles 搜索操作之增删改模块

Eagles 搜索操作主要包含增删改等操作 API,如表 4-3 所示。

表 4-3　Eagles 操作模块及其 API

Eagles 操作模块	API
创建文档	/document/create
更新文档	/document/update
搜索并更新文档	/document/update/by/query
删除文档	/document/delete
搜索并删除文档	/document/delete/by/query
测试数据生成	/document/test
批量操作	/document/bulk

创建文档 API:/document/create,其参数类型及其说明如表 4-4 所示。

表 4-4　创建文档参数类型及其说明

参数	类型及范围	说　　明
index	String	索引名
type	String	类型名
id	String(Optional)	文档 ID。如果不指定,Eagles 会自动生成一个 UUID 作为 ID
Body	String(Optional)	JSON 字符串

创建文档 API 应用举例:

```
POST 192.168.1.91:17200/document/create
KeyValue
indexheello
typetest
Body:
{
    "name": "Bob",
    "age": 17,
    "nice": true
}
```

返回值:

```
{
    _index : heello,
    _type : test,
    _id : heihei,
```

```
    _version : 1,
    created : true
}
```

更新文档 API：/document/update，其参数类型及其说明如表 4-5 所示。

表 4-5　更新文档参数类型及其说明

参数	类型及范围	说　明
index	String	索引名
type	String	类型名
id	String	文档 ID
Body	String(Optional)	JSON 字符串

Body 示例：

```
{
    "doc" : {
        "field" : "fieldvalue"
    }
}
```

搜索后使用脚本更新文档 API：/document/update/by/query，其参数类型及其说明如表 4-6 所示。

表 4-6　搜索后更新文档参数类型及其说明

参数	类型及范围	说　明
index	String	索引名
type	String	类型名
Body	String(Optional)	JSON 字符串

Body 示例：

{"script":{"inline":"ctx._source.field = 'new_field_value'"},"query":{"term":{"file":"old_field_value"}}}

删除文档 API：/document/delete，其参数类型及其说明如表 4-7 所示。
注意：删除文档也会增加文档的版本号。

表 4-7　删除文档参数类型及其说明

参数	类型及范围	说　明
index	String	索引名
type	String	类型名
id	String	文档 ID

返回值示例：

```
{
    "found": true,
    "_index": "update_test",
    "_type": "huhu",
    "_id": "AU9eCNVTKogcm8gl2t4v",
    "_version": 2
}
```

删除指定的 index/type 后，通过 query 查询到的文档 API：/document/delete/by/query，其参数类型及其说明如表 4-8 所示。

表 4-8　查询文档参数类型及其说明

参数	类型及范围	说　明
index	String	索引名
type	String	类型名
Body	String(Optional)	JSON 字符串

Body 示例如下。查询语法可参考 Query DSL。

```
{
    "query" : {
        "term" : { "user" : "kimchy" }
    }
}
```

返回值：

```
{
    "_indices" : {
        "twitter" : {
            "_shards" : {
                "total" : 5,
                "successful" : 5,
                "failed" : 0
            }
        }
    }
}
```

假如要快捷清空某个表中的所有数据（只是删除数据），可以使用测试数据生成 API：/document/test，其参数类型及其说明如表 4-9 所示。

表 4 - 9　测试数据生成参数类型及其说明

参数	类型及范围	说　明
index	String	索引名
type	String	类型名
number	String	数据量
ip	String	目的主机 IP
port	String	端口号

测试数据生成文档 API 应用举例：

POST 192.168.1.131:17200/document/test? index＝wuliu&type＝wuliu&number＝100&ip＝192.168.1.131&port＝17200

KeyValue

index　wuliu

type　wuliu

number100

ip 192.168.1.131

port17200

返回值：

```
{
    "code":    200
}
```

批量操作文档/document/bulk,其参数类型及其说明如表 4 - 10 所示。

表 4 - 10　批量操作参数类型及其说明

参数	类型及范围	说　明
index	String(Optional)	索引名
type	String(Optional)	类型名

Body 示例如下所示。每条语句后面都必须换行,指定 index 或 type 后,相应的参数可以省略。

```
//索引数据
{ "index" : { "_index" : "test", "_type" : "type1", "_id" : "1" } }
{ "field1" : "value1" }
//删除数据
{ "delete" : { "_index" : "test", "_type" : "type1", "_id" : "2" } }
//创建数据
{ "create" : { "_index" : "test", "_type" : "type1", "_id" : "3" } }
{ "field1" : "value3" }
//更新数据
{ "update" : {"_id" : "1", "_type" : "type1", "_index" : "index1"} }
{ "doc" : {"field2" : "value2"} }
```

```
//例如：在给定了 index 和 type 时，批量插入数据
{ "create" : {} }
{"f1":"123","f2":"456" }
{ "create" : {} }
{"f1":"231","f2":"564"}
{ "create" : {} }
{ "f1":"312","f2":"645" }
...
```

4.4.3　Eagles 存储技术应用实例

Eagles 作为一款数据存储索引引擎，以 NoSQL 方式对半结构化数据进行存储。下面以半结构化数据存储为例讲解 Eagles 在大数据存储领域的实际应用。

1. 环境准备

除安装好 Eagles 平台外，还需安装 Kettle 软件。Kettle 是一款国外开源 ETL 软件，纯 Java 编写，可在 Windows、Linux、Unix 上运行，数据抽取高效稳定。Kettle 家族目前包括 4 个产品：Spoon、Pan、Chef、Kitchen。其中，Spoon 允许通过图形界面来设计 ETL 转换过程。本实例以 Spoon 作为 Kettle 的集成环境来进行讲解。Kettle 可在其官网下载安装包安装。

2. 半结构化数据准备

需要提前准备好用于存储的半结构化数据。此次实例准备的半结构化数据为具备 30 个字段的 30 万条数据，采用 CSV 文件格式，如图 4-15 与图 4-16 所示。

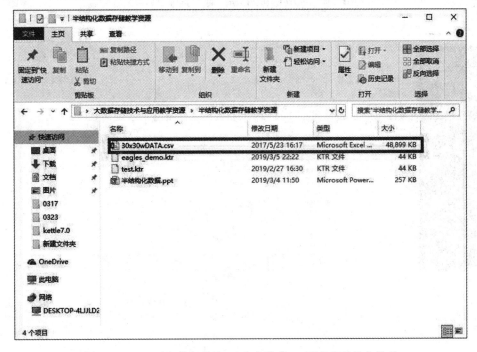

图 4-15　CVS 文件存储的 30 个字段的 30 万条半结构化数据

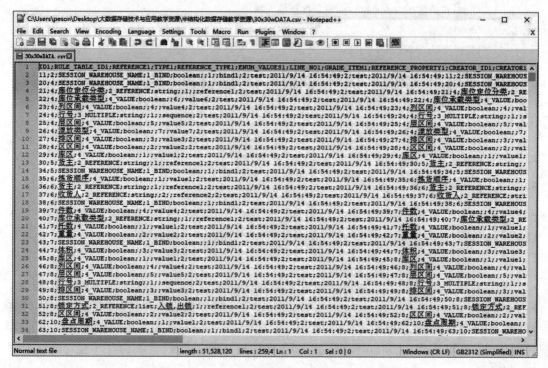

图 4 - 16　利用 Notepad＋＋查看 CSV 文件内容

3. 利用 Kettle 向 Eagles 导入 CSV 文件数据

　　首先，我们看一下 Eagles 未导入 CSV 文件数据的情况，如图 4 - 17 所示。此时在"索引"界面内，已存在"daemon"和"eagles_daemon"两个索引库。

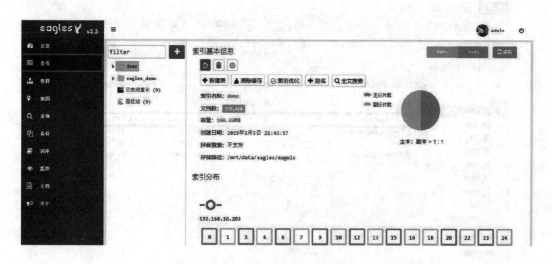

图 4 - 17　Eagles 未上传 CSV 文件索引界面图

然后，打开 Kettle/Spoon 工具，新建"转换"，如图 4-18 与图 4-19 所示。

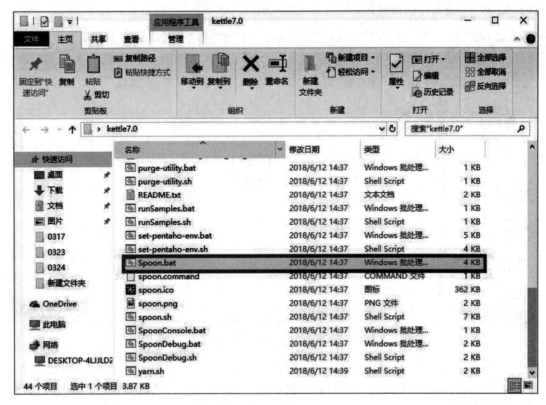

图 4-18　打开 Spoon

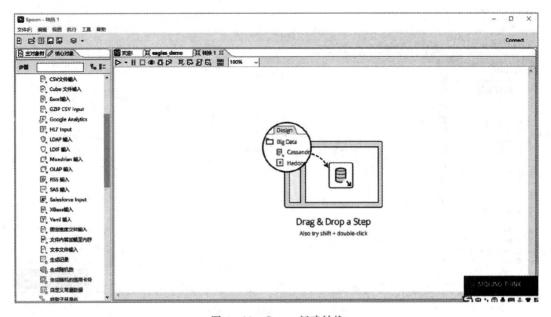

图 4-19　Spoon 新建转换

从左侧列表中，从"输入"中拖拽"CSV 文件输入"进入右侧编辑区，从"DANA"中拖拽"Eagles 输出"进入右侧编辑区，如图 4 - 20 所示。

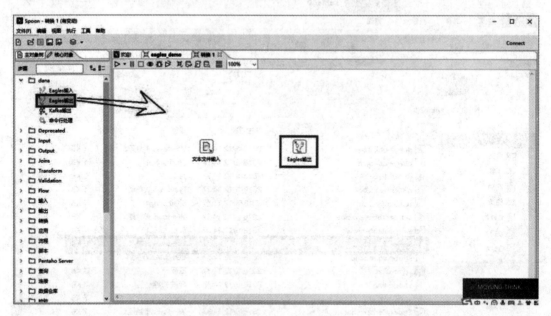

图 4 - 20　添加模块完毕

在"文本文件输入"模块和"Eagles 输出"模块之间建立工作关系。方法为按住"Shift"键，在"文本文件输入"模块上单击鼠标左键不放，移动至"Eagles 输出"模块，出现从"文本文件输入"模块到"Eagles 输出"模块的带箭头连接线后，松开鼠标左键和 Shift 键，如图 4 - 21 所示。

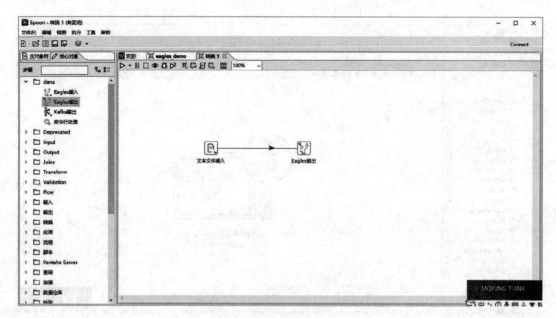

图 4 - 21　建立好的工作关系

　　配置"文本文件输入"模块。双击"文本文件输入"模块，弹出图 4 - 22 所示对话框，单击"浏览"，弹出文件选择对话框，选择我们要导入的 CSV 文件，再点击图 4 - 22 所示中的"增加"按钮，得到图 4 - 23 所示效果，点击确定。

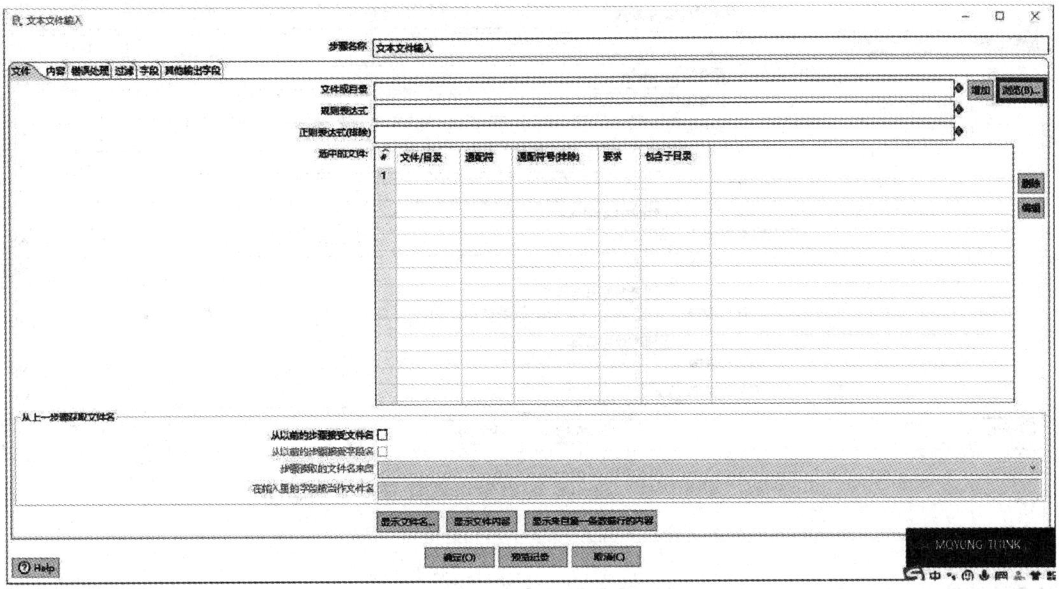

图 4 - 22　增加 CSV 文件

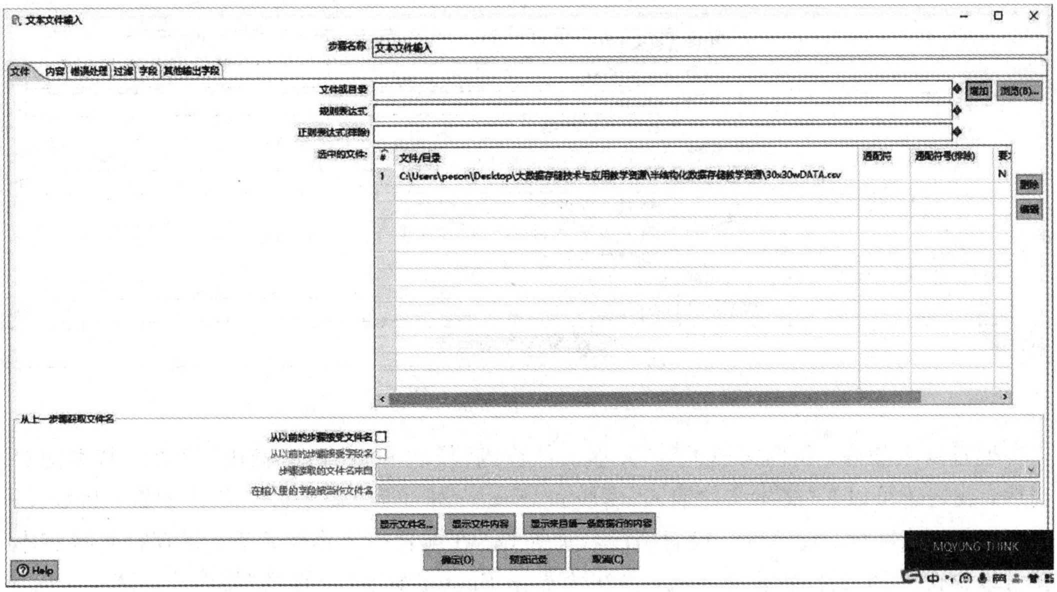

图 4 - 23　文件增加完毕

　　配置"Eagles 输出"模块。双击"Eagles 输出"模块，弹出图 4 - 24 所示对话框，需要配置的选项有"服务器""用户名""密码""索引库名称"和"索引表"。其中，"服务器"为 Eagles 服务器的 IP 地址，"用户名"和"密码"分别对应 Eagles 登录的用户名和密码，"索引

库名称"和"索引表"为新建的索引库和索引表的名称（Eagles 中可以不用新建）。如图 4-25
所示，配置完毕后，点击确定。

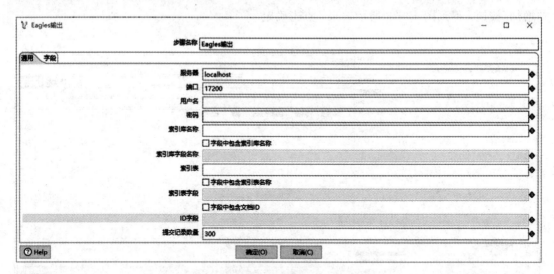

图 4-24　Eagles 输出模块配置对话框

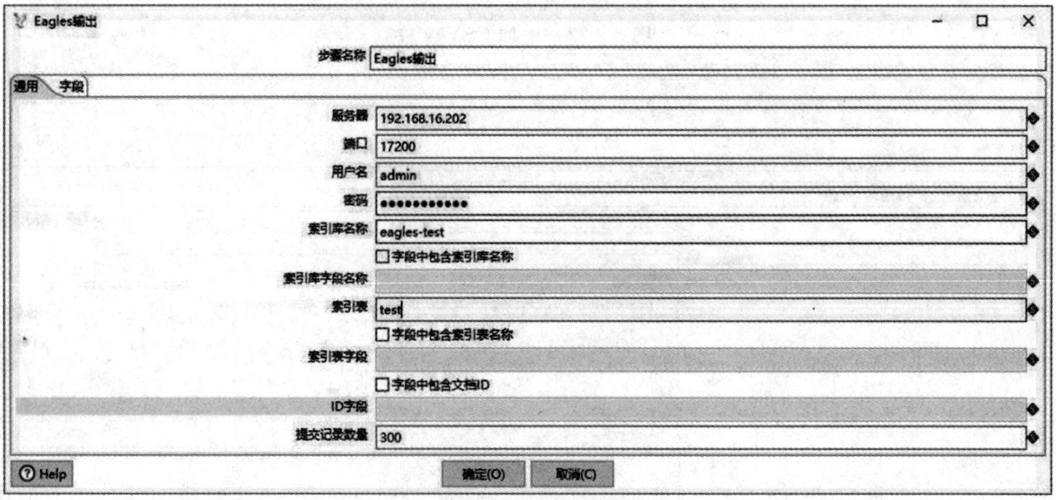

图 4-25　配置完毕

　　通过以上步骤，我们实现了对"文本文件输入"模块和"Eagles 输出"模块的基本配置。
当然，我们还可以在"文本文件输入"模块和"Eagles 输出"模块中进行其他配置，例如：导
入字段、预览字段、过滤以及设置字段名称等等。在配置完工作关系后，保存好转换脚本，
就可以执行 CSV 文件数据的导入，方法为点击 Spoon 中"执行转换"按钮，如图 4-26 所
示，弹出图 4-27 所示对话框，点击"启动"按钮。转换开始执行后，会在 Spoon 窗口下方
显示脚本执行的窗口，可以在此处查看脚本执行的情况，如图 4-28 所示。图 4-29 所示
为脚本执行完毕的情况。

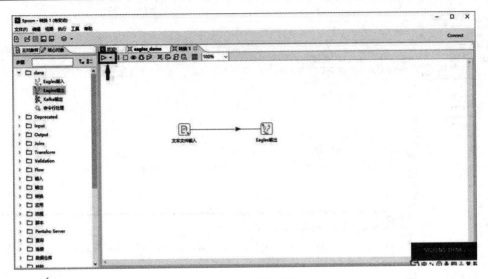

图 4 - 26　执行转换

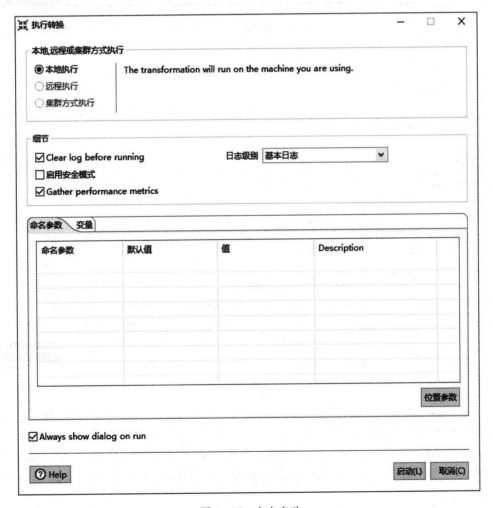

图 4 - 27　点击启动

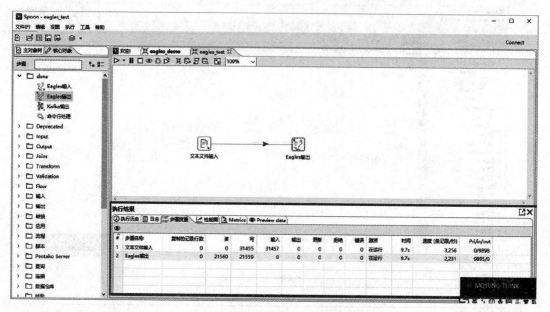

图 4 - 28　脚本执行过程查看图

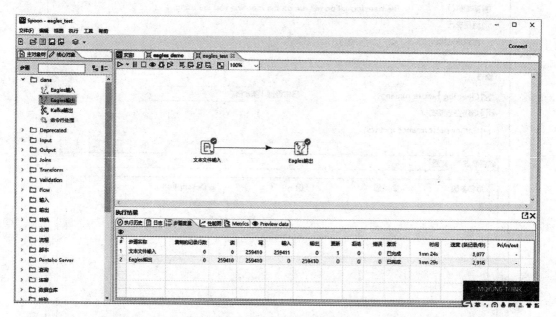

图 4 - 29　转换脚本执行完毕

　　登录 Eagles 查看 CSV 文件上传情况。登录 Eagles，选择"索引"，如图 4 - 30 所示。与图 4 - 17 进行比较，发现"索引"目录下面，多了一个"eagles_test"的索引库，该索引为上传 CSV 文件时新建的索引，见图 4 - 25 所示"索引库名称"和"索引表"配置。点击打开"eagles_test"索引库/"test"索引表，如图 4 - 31 所示，就可以查看 CSV 文件的上传情况，可以看到字段和对应的字段内容。

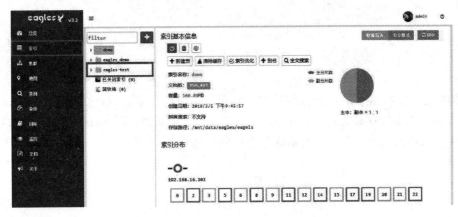

图 4 - 30　CSV 文件上传完毕查看索引

图 4 - 31　查看 CSV 文件上传情况

　　Eagles 还可进行集群、备份、查询、词库、地图以及监控等方面的操作，Eagles 具备良好的界面交互性能，可以在登录 Eagles 后点击进入查看。当然，Eagles 提供了命令行的操作方式，可点击图 4 - 32 所示"文档"查看命令行。

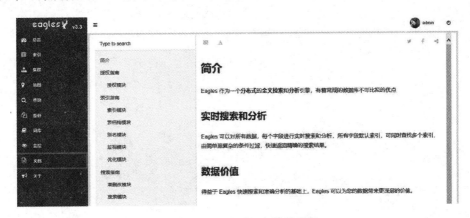

图 4 - 32　Eagles 文档示意图

本 章 小 结

本章阐述了大数据半结构化存储技术的定义、特征和基本构成，介绍了 NoSQL 存储技术、NoSQL 主要的存储方式及常用 NoSQL 数据库。重点讲解了 ElasticSearch 存储技术和 Eagles 存储技术的安装部署、基本操作和实际应用案例。

课 后 作 业

一、名词解释

1. 什么是 Redis?

2. 什么是 MongoDB?

3. 什么是 ElasticSearch?

4. 什么是 Eagles?

二、简答题

1. 请简述使用 Redis 数据库的好处。

2. 请简述 MongoDB 与 MySQL 数据库的区别。

3. 请简述什么是 NoSQL 数据库。它与关系型数据库的应用场景有哪些?

4. 请简述 ElasticSearch 的特点。

5. 请简述 Eagles 的特性。

第 5 章　大数据非结构化数据存储技术

学习目标：
- 了解非结构化数据存储技术的概念；
- 理解 Cayman 存储技术；
- 掌握 Cayman 存储技术的基本操作；
- 熟练运用 Cayman 存储技术。

本章重点：
- 非结构化数据存储技术；
- Cayman 存储技术；
- Cayman 存储技术应用。

本章首先介绍非结构化数据存储技术的特征和发展趋势，然后介绍非结构化数据存储技术 Cayman 的基本操作和应用方法，通过本章读者可充分了解非结构化数据存储技术 Cayman 的相关知识和使用技能。

5.1　非结构化数据存储技术概述

本节主要介绍非结构数据的概念、特点、存储能力以及非结构化数据存储技术的特点。

5.1.1　非结构化数据概述

随着 21 世纪信息时代的来临，信息呈几何态势的增长。信息可划分为两大类：一类信息能够用数据或统一的结构加以表示，称之为结构化数据，如数字、符号；另一类信息无法用数字或统一的结构表示，如文本、图像、声音、网页等，称之为非结构化数据。非结构化信息，是指没有经过人为处理的、不规整的信息。

非结构化数据是数据结构不规则或不完整，没有预定义的数据模型，不方便用数据库二维逻辑表来表现的数据。非结构化数据格式标准多样化，在技术上非结构化数据比结构化数据更难标准化和理解。常见的非结构化数据包括：文本、图像、音频、视频、PDF、电子表格等。

5.1.2　非结构化数据存储特点

结构化数据存储技术发展的时间很早，成熟的数据库技术以及数据库研发公司，如甲骨文、IBM 等享誉全球，极大地推动了社会信息化的进程。而相比于结构化数据存储技术的成熟、种类繁多，非结构化数据存储和管理技术在中国乃至世界范围内依然处于探索尝试阶段。

　　针对非结构化数据体量大、增长快、格式标准多样化的特点，非结构数据存储技术必须具备以下能力：

（1）能够快速地对大体量的非结构化数据进行读/写操作；

（2）存储容量能根据需要适应非结构化数据的快速增长，能进行动态弹性的扩容；

（3）能存储多种格式或标准的非结构化数据。

　　为更好地处理非结构化数据，在此特提出非结构化数据仓库的概念。何谓数据仓库？数据仓库的目的是构建面向分析的集成化数据环境，为企业提供决策支持。数据仓库包含了数据收集、数据存储、数据管理、数据分析和挖掘、数据应用五个方面，涵盖了整个数据处理的生命周期。

　　非结构化数据存储技术，以数据仓库为基础，实现了非结构化数据的收集、存储和管理，为非结构化数据的分析、挖掘及应用提供了支撑。

5.2　Cayman 存储技术

　　结构化数据的各项技术与架构都非常成熟。而针对非结构化数据的数据仓库技术和产品仍处于探索阶段。德拓公司推出的 Cayman 就是一款针对非结构化数据的数据仓库产品，高度融合了数据收集、数据存储、数据管理、数据统计分析等应用服务，能很好地适用于各类应用场景。

　　本节主要讲解 Cayman 的概念、架构、特性和基本操作，并详细分析 Cayman 存储技术在实际项目中的应用。

5.2.1　Cayman 概述

1. Cayman 的概念

　　Cayman 是基于德拓新一代超融合云平台 INFINITY 存储引擎之上开发的一款非结构化数据仓库产品，该产品设计面向海量文件型数据存储管理，融合了对象存储、对象管理、对象搜索、预处理等功能，解决了海量非结构化数据的存储难题，采用业界先进的 Scale-Out 分布式存储架构和 DHT（Distributed Hash Table，分布式哈希表）算法，具备 EB 级扩展、安全可靠和高效融合的特点。

　　其灵活的元数据管理、高效的实时检索能力和灵活的预处理机制可以帮助用户有效地进行数据管理和快速应用开发，同时还提供了图片、文档、视频、音频转码、拼接制作、特征提取等附加功能服务。

2. Cayman 的属性

　　Cayman 存储管理主要包括：用户、桶、对象、元数据、集群和预处理。

（1）用户（User）：使用者持有的用户名或账号，可分为管理员和租户两类。

（2）桶（Bucket）：用于存储对象的容器。

（3）对象（Object）：Cayman 存储数据的基本单元（也可称为 Cayman 的文件），对象可以是文件夹或文件。

（4）元数据（Metadata）：元数据是一个描述对象属性的键值对，用来表示对象的拥有者、对象的大小以及对象的类型等属性信息，是关于对象的数据；Cayman 支持的元数据类型有 string、gps 等。

（5）集群：对 Cayman 服务的统称，记录了各个 Cayman 节点的信息、状态等，可以根据集群信息实时了解集群的健康情况，比如一个节点下线，下线的时间等信息都可以从集群信息中清晰地获取到。

（6）预处理：按照某种规则对对象进行进一步处理的模式，包含上传限制、自动编目、索引处理和媒体处理四个模块。

从系统角度来看，Cayman 包含用户（管理员和租户）、集群和预处理。管理员用于管理租户和集群，包括租户的创建、删除、配额管理和集群配置等，租户则可以进行桶内存储对象的预处理、桶的配置设置等。

如图 5-1 所示，从数据存储角度来看，Cayman 中用户、桶和对象三者之间的关系为：用户控制桶之间的访问权限，所有桶必须存在于某个用户下。对象作为 Cayman 的基本存储单元都从属于某个桶。元数据用于描述对象的属性信息。

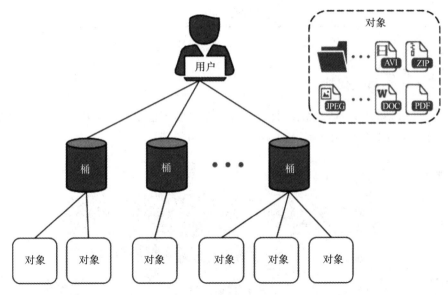

图 5-1　Cayman 存储管理关系图

3. Cayman 的优势

Cayman 非结构化数据仓库具有以下优势：

（1）提供 Linux、Windows、Mac OS 等平台虚拟盘；

（2）提供 C/C++、Java、PHP 等常用开发语言平台 SDK；

（3）采用分布式对象存储和基于元数据的管理，轻松匹配海量数据；

（4）提供扁平化的 Web 管理控制台，详细的引用描述和二次开发应用示例。

4. Cayman 服务接口

Cayman 作为一个非结构化的数据仓库引擎，可以提供文件管理服务的各类服务接口，如图 5-2 所示。通过调用不同的服务接口，为不同的企业或机构定制不同的文件管理服务以及在此基础上提供 Web 端、PC 端和移动端的应用。

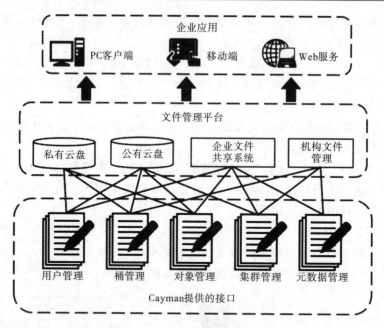

图 5 - 2　Cayman 服务接口示意图

5.2.2　Cayman 系统架构

Cayman 系统采用分布式设计，具有多种安全机制，能够一键部署 Cayman 集群，并提供了实时监控集群服务健康功能。Cayman 系统架构如图 5 - 3 所示。

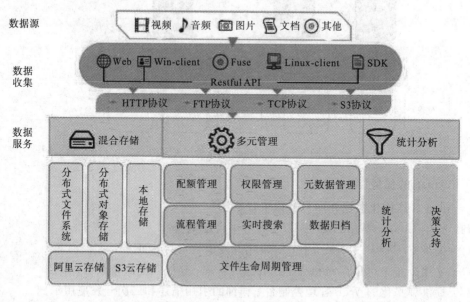

图 5 - 3　Cayman 系统架构图

1. 分布式设计架构

Cayman 的系统架构采用分布式设计，可以支持节点的横向平滑拓展，并且实现了多节点的负载均衡，大幅降低了单个服务器的压力，提高了系统的性能。节点间采用对称式服务，也就是说不存在主备的概念，每个节点都是对称的。这种设计使得在少数节点掉线的情况下，服务依然可以稳定运行，保证了集群服务的高可用性。

2. 多种可选安全机制

副本策略：对存储的文件进行备份，在节点掉线重启后，可以自发地进行数据同步，保证节点文件不会出现数据丢失的情况，提高了非结构化数据存储的安全性。

纠删码策略：将存储的数据分割成数据块和系统生成一定数量的纠错编码数据块分散到不同的存储节点上，系统故障时，通过纠错编码对数据进行比对和重构，保证数据的正确和完整。和副本策略相比，该策略存储开销大幅降低，更适用于大型数据存储集群。

3. 简易化 Cayman 集群服务部署

为了简化 Cayman 服务部署流程的人机交互体验，Cayman 提供了一键化安装部署脚本 cayman-deploy，该脚本可以一键化安装多个节点服务，一键化修改配置文件，一键化卸载 Cayman 服务。还提供了 Web 端的服务配置流程，极大地简化了安装部署的流程步骤，图形化的配置界面提高了配置过程的友好度。

4. 实时 Cayman 集群服务健康监控

Cayman 提供了实时监控集群的功能，可以实时地查看当前 Cayman 集群的配置信息，当前节点的健康度及服务的运行情况等。

5.2.3　Cayman 的技术特性

1. 数据收集——基于 API 的跨平台应用

Cayman 提供了标准的 Restful API 接口，可基于 API 接口提供跨平台、跨系统的数据收集服务。

1）支持私有协议对象存储访问方式

Cayman 提供了一套私有协议的对象存储访问方式，如图 5 - 4 所示。文件以对象的形式从属于由租户创建的若干个桶中。Cayman 引擎中的文件以对象的形式存在，拥有对象属性、桶属性和租户属性等三级数据标签。

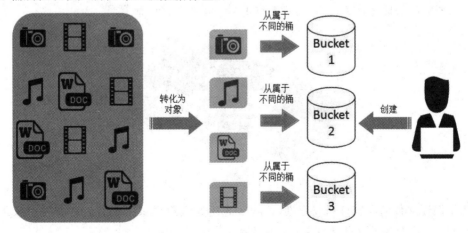

图 5 - 4　Cayman 对象存储访问图

2）高速数据传输框架，支持写读并行

采用自主研发的流式数据处理框架，将大型数据分块（每块最大约 4M）写入和读出，每个数据块占用一个数据请求，使得数据的写入和读出可以并发进行，极大提高了文件读写的处理速度，如图 5-5 所示。

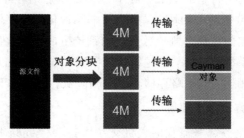

图 5-5　Cayman 流式数据传输示意图

3）Restful 跨平台接口

Cayman 提供标准的 Restful API 接口、丰富的 SDK 包、客户端工具和控制台，方便用户上传、下载、检索和管理用于 Web 网站或者移动应用的海量数据。

2. 数据存储——满足各类存储规模需求

（1）中小型存储规模（1～3 节点）：Cayman 提供了小型的分布式文件存储系统，适用于家庭、政府机构、教育机构、中小型企业等机构的非结构化数据仓库定制服务。

（2）大型存储规模（3 节点以上）：Cayman 提供了大型分布式文件存储系统和分布式对象存储系统，适用于银行联机存储、大型企业文件存储、云端服务等应用场景的非结构化数据仓库应用定制。

3. 数据管理——基于元数据驱动的各色管理服务

1）支持租户、Bucket 级别的配额管理及文件的简单权限管理

为了方便对存储资源进行分配和管理，Cayman 提供了租户和桶两个级别的配额管理功能。租户的配额由管理员统一分配，在 Cayman 服务拥有的存储资源范围内，做到合理的存储资源分配。Bucket 的配额在租户创建 Bucket 时分配，在用户的可支配存储资源范围内，做到资源的优化配置。图 5-6 展示了 Cayman 存储配额管理。

图 5-6　Cayman 资源分配图

为了保证文件的私密性与安全性，Cayman 还为租户提供了桶级别和文件对象级别的权限管理。权限分为：仅自己可见、公共读和公共读写三种。

（1）仅自己可见：只有创建者可以浏览操作该对象。

（2）公共读：所有租户都可以浏览该对象，但没有操作权限。

（3）公共读写：所有租户都可以浏览操作该对象。

2）*支持多种搜索形式*

提供基于元数据的自定义条件搜索、基于文档内容的全文搜索、拼音搜索（需要在预处理模块自定义开启数据拼音搜索）、条件组合的高级搜索。

3）*预处理流程*

预处理大致分为四个模块：上传限制、自动编目、索引处理和媒体处理。预处理范围为：每个 Bucket 最多配置一个规则，一个规则可以应用于多个 Bucket。Cayman 预处理架构图如图 5 - 7 所示。

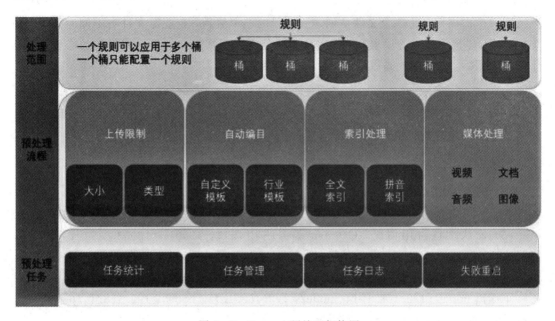

图 5 - 7　Cayman 预处理架构图

4）*支持多种数据预处理规则*

Cayman 底层还集成了数据处理功能，可以为租户提供数据的预处理服务。何谓数据预处理呢？预处理是指我们预先为不同类型的数据设置处理规则，在文件对象上传至数据仓库的同时，对文件数据进行加工和处理。

（1）预处理媒体处理支持的文件类型：视频、音频（仅转码）、图片、文档。

（2）预处理处理：转码、生成缩略图。

（3）预处理视频常用格式：mp4、flv、mov、avi、mpg。

（4）预处理音频常用格式：mp3、mp2、au、flac、wav。

5）*预处理流程控制*

Cayman 提供自定义的上传流程管理，可对文件进行大小控制、索引配置、媒体信息处理等多项预处理任务，并且可以通过 Web 端预览预处理后的数据，实时监控预处理任务的执行情况，查看预处理任务详细情况，优化预处理规则配置参数，重启失败的预处理任务等操作。

4. 数据统计分析——让数据更有价值

1）数据归档

（1）分析数据增长：分析不同类型的非结构数据增长率，有助于确定有效的存档策略及更好地管理数据增长。

（2）无缝访问数据存档：可从现有应用程序界面访问存档的数据，以及恢复完整的存档或存档快照。

（3）数据存档的内在合规性：保证所有数据存档的数据标签及元数据等附加数据的完备保留，控制、跟踪存档过程。

2）文件生命周期

文件生命周期是指一个文件从创建到销毁的整个流程，企业对文件有不同时效、不同访问频率、不同重要性等要求，文件生命周期分析用于判定文件是否有维护的必要性，对于降低数据维护成本、提高数据服务水平具有重要意义。

5.2.4　Cayman 的安装与配置

在安装 Cayman 前需确认安装环境，Cayman 安装环境要求如下。

（1）SSH 已互通。

（2）已关闭防火墙。

（3）已关闭 SELlinux。

（4）已安装 Java 环境。

（5）确认端口占用情况。Cayman 服务占用端口：12001～12003、12101～12103、12201、12202。

确认上述环境配置全部完成后，即可安装 Cayman。

下面以 node1：192.168.1.14、node2：192.168.1.15、node3：192.168.1.16 为例安装 cayman.3.2.1276.tar.gz。

1. 上传 Cayman 安装包

将 cayman.3.2.1276.tar.gz 包上传至任意的安装节点。

2. 解压 Cayman 安装包

解压安装包的过程如图 5-8 所示。

```
[root@node1 ~]# tar zvxf cayman.3.2.1276.tar.gz
cayman/
cayman/cayman.tgz
cayman/cayman_md5
cayman/deps/
cayman/deps/enca-1.9-4.el4.rf.x86_64.rpm
cayman/deps/python-six-1.9.0-2.el7.noarch.rpm
cayman/deps/python-ecdsa-0.11-3.el7.centos.noarch.rpm
cayman/deps/python-paramiko-1.12.4-1.el7.centos.noarch.rpm
cayman/deps/python-crypto-2.6.1-1.el7.centos.x86_64.rpm
cayman/cayman-deploy
```

图 5-8　解压 Cayman 安装包

进入解压后的包目录，命令如下：

```
cd cayman
```

3. 使用 cayman-deploy 安装

执行 Cayman-deploy 脚本，安装 Cayman，命令如下：

```
./cayman-deploy install -h node1,node2,node3 -d 192.168.1.20
```

命令参数说明如下：

-h/--host——指定安装节点主机名或 IP；

-d/--danaip——指定 DANA 控制台的 IP 地址。

4. 配置集群

利用脚本配置 Cayman 的集群，主要配置功能如图 5-9 所示。

```
setbaseconfig       config the base info
caymanfss           config the file storage system
caymanoss           config the object storage system
caymancss           config the common storage system
caymanali           config the ali storage system
caymans3            config the amazon s3 storage system
```

图 5-9　Cayman 配置脚本功能

1）基本配置 setbaseconfig

setbaseconfig 的参数说明如图 5-10 所示。

```
--eaglesip          specific the eagles ip        default=127.0.0.1
--eaglesport        specific the eagles port      default=12102
--leopardip         specific the leopard ip       default=127.0.0.1
--leopardport       specific the leopard port     default=16100
--ssdbip            specific the ssdb ip          default=127.0.0.1
--ssdbport          specific the ssdb port        default=12101
--logpath           specific the logpath          default=/var/dana/log/caymanserver.log
--logcapacity       specific the logcapacity      default=5 G
--logpurgeage       specific the logpurgeage      default=12 months
--loglevel          specific the loglevel         default=loglevel
```

图 5-10　setbaseconfig 参数说明

Cayman 基本配置命令如下：

```
cayman-deploy  setbaseconfig -h node1,node2,node3
--eaglesip=192.168.1.165
--eaglesport=12102
--leopardip=192.168.1.20
--leopardport=16100
--username=cayman
```

2）配置文件系统存储 caymanfss

caymanfss 的参数说明如图 5-11 所示。

```
    --storagepath        specific the storage  pathh    must!
    --fss_copy           specific the storage  coph     must!
```

图 5-11　caymanfss 参数说明

Cayman 文件系统存储配置命令如下：

　　cayman-deploy cayman_fss -h node1,node2,node3
　　--storagetype=/var/dana/cayman/filesys
　　--fss_copy=1

3）配置对象存储 caymanoss

caymanoss 的参数说明如图 5-12 所示。

```
--security     specific the storage strategy 0:cpoy 1:erase code   default=0
--k            specific the number of k                            default=0
--m            specific the number of m                            default=0
--oss_ip       specific the oss ip                                 default=127.0.0.1
--oss_port     specific the oss port                               default=9898
--oss_copy     specific the oss copy                               must!
```

图 5-12　caymanoss 参数说明

Cayman 副本策略配置命令如下：

　　cayman-deploy   caymanoss -h node1,node1,node2,node3
　　--security=0
　　--oss_copy=1
　　--oss_ip=192.168.1.14
　　--oss_port=9898

4）配置本地存储 caymancss

caymancss 的参数说明如图 5-13 所示。

```
    --mountpath          specific the mount path          must!
```

图 5-13　caymancss 参数说明

Cayman 本地存储配置命令如下：

　　cayman-deploy caymancss -h node1,node2,node3
　　--mountpath=/home/caymanstore

5）配置默认登录用户 setusername

setusername 的参数为：--username。

Cayman 默认登录用户配置命令如下：

　　cayman-deploy caymancss -h node1,node2,node3 --username=cayman

5. 设置开机自启动

进入 Cayman 的安装路径，执行 cayman-ops 运维脚本，设置开机自启动。

　　cd /opt/dana/cayman

```
./cayman-ops enable -all
or
./cayman-ops enable -h 192.168.1.14,192.168.1.15,192.168.1.16
```

5.2.5　Cayman 管理员操作

按照使用角色的不同，Cayman 非结构化数据仓库的基本操作主要分为：Cayman 管理员操作、Cayman 租户操作、Cayman 开发人员操作三种。下面主要介绍 Cayman 管理员操作。

1. 登录 Cayman

步骤 1：打开浏览器，在地址栏输入后台服务 ip:port/dana/cayman，点击回车。

步骤 2：进入登录界面，如图 5 - 14 所示，输入管理员账号(admin)和密码，点击登录，进入 Cayman 界面。

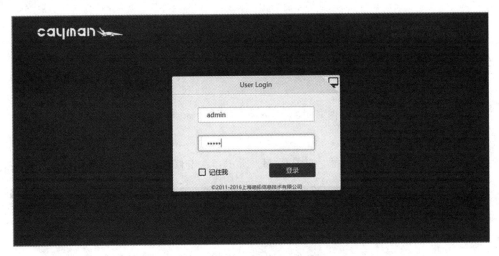

图 5 - 14　Cayman 登录界面图

2. 租户管理

1) 新建租户

步骤 1：在 Cayman 界面，点击菜单栏右侧的"租户管理"按钮，进入租户管理界面，如图 5 - 15 所示。

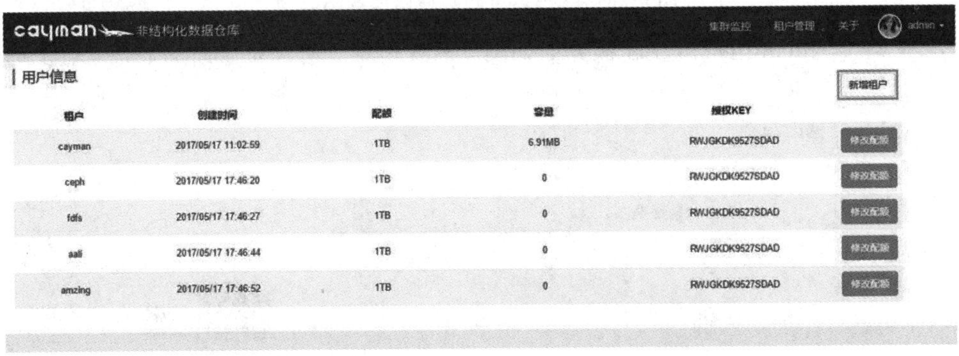

图 5 - 15　Cayman 租户管理界面

　　步骤 2：在图 5-15 中，点击页面右上角的新增租户，创建新的租户。新增租户详情页如图 5-16 所示，按照要求填写租户账号名称，为新建租户设置租户配额，点击"新建"按钮，租户创建成功。

　　注意：租户使用的总配额不得超过底层存储的总容量。

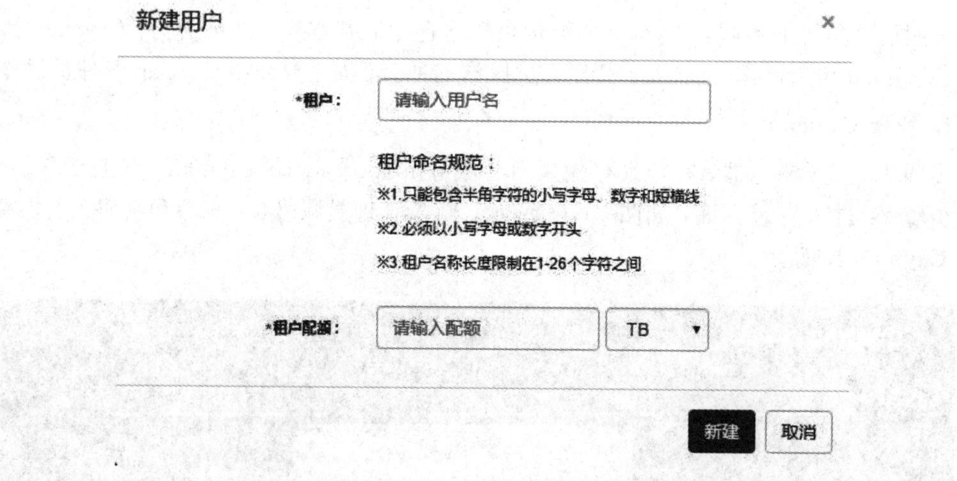

图 5-16　Cayman 新建租户详情页

2）修改配额

步骤 1：进入租户管理界面，如图 5-17 所示，点击修改租户右边的"修改配额"按钮。

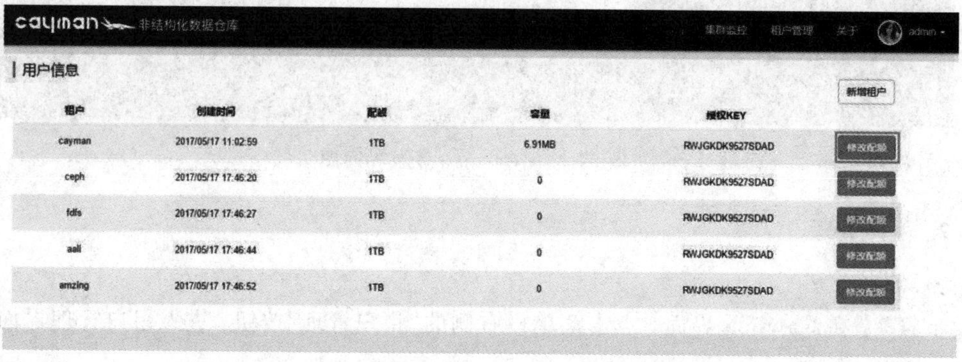

图 5-17　Cayman 租户修改配额示意图

步骤 2：Cayman 租户修改配额界面如图 5-18 所示，输入要修改的数值，点击修改。

图 5-18　Cayman 租户配额修改详情页

3）Cayman 集群监控

步骤 1：以 admin 身份登录系统，进入集群监控界面，如图 5－19 所示。

图 5－19　Cayman 集群监控界面

步骤 2：在监控界面，获取集群各个节点的健康信息、服务配置信息以及存储配置信息等。该界面显示，cayman 集群有两个节点，两个节点的状态都十分健康。

3. 修改配置

1）修改服务信息

步骤 1：进入集群监控界面，点击图 5－19 中服务模块右侧的修改按钮，如图 5－20 所示。

图 5－20　Cayman 集群信息修改点击进入图

步骤 2：在弹出如图 5－21 所示的弹窗中，填写新的 IP 和端口，点击"验证"按钮，通过验证后，点击"保存"按钮。

图 5－21　Cayman 集群信息修改验证保存图

2）修改日志信息

点击图 5-19 中日志模块右上角的"修改"按钮，弹出日志配置界面，如图 5-22 所示。修改日志保存路径，存储空间，生命周期或者输出级别，点击"保存"按钮。

图 5-22　Cayman 日志配置图

4. 扩展存储

点击图 5-19 存储模块右上角的"扩展存储"，如图 5-23 所示，将会弹出一个弹窗。

图 5-23　Cayman 拓展存储按钮示意图

1）通用存储

步骤 1：如图 5-24 所示，存储类型一栏选择"通用存储"。

步骤 2：填写存储路径，点击"添加"按钮。

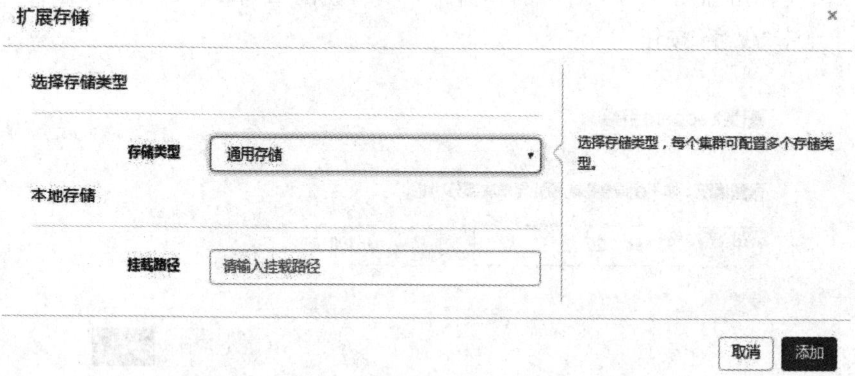

图 5-24　Cayman 扩展存储为通用存储操作图

2）文件系统存储

步骤 1：如图 5-25 所示，存储类型一栏选择"文件系统存储"。

步骤 2：填写存储路径，填写副本个数，点击"添加"按钮。

说明：副本个数应该大于等于 1，小于等于集群节点个数。

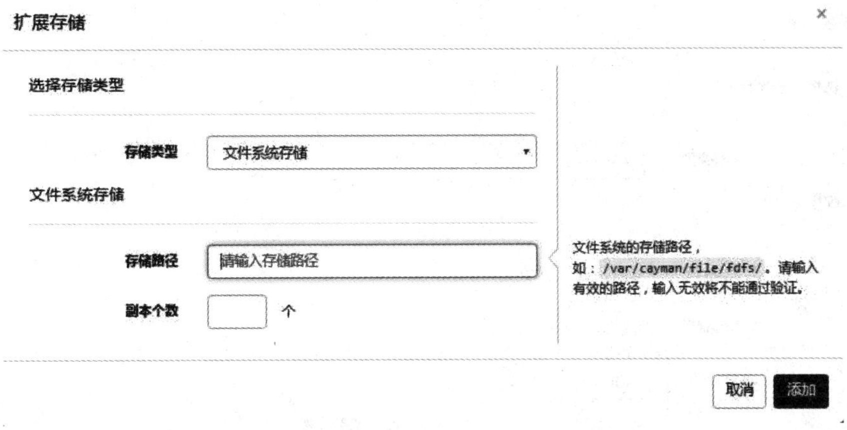

图 5-25　Cayman 扩展存储为文件系统存储操作图

3）对象存储

步骤 1：如图 5-26 所示，存储类型一栏选择"对象存储"。

步骤 2：填写 IP 地址，填写端口，点击"验证"按钮。

步骤 3：选择安全策略为"副本策略/纠删码策略"，填写"副本数/纠删码"k 和 m 值，点击"添加"按钮。

说明：副本策略：副本数大于等于 1，小于等于集群节点数；纠删码策略：k+m≤集群节点数，k>m。

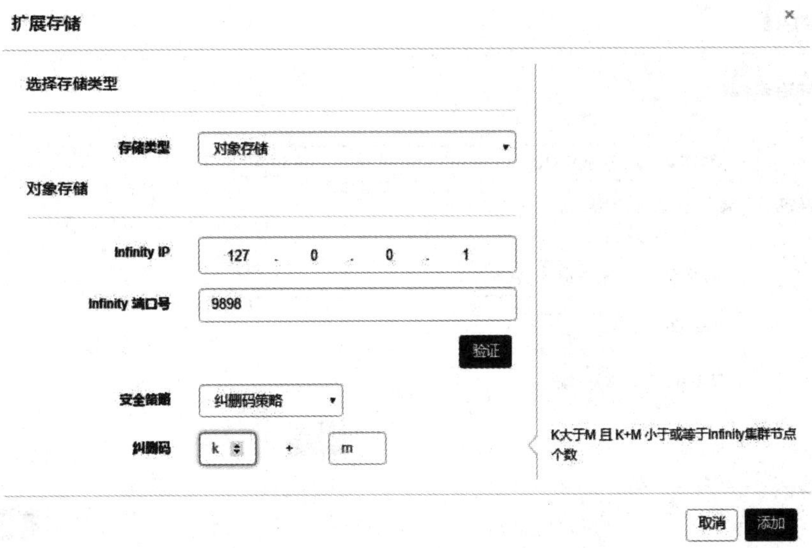

图 5-26　Cayman 扩展存储为对象存储操作图

4）阿里云存储

步骤 1：如图 5-27 所示，存储类型一栏选择"阿里云存储"。

步骤 2：填写访问密钥，安全密钥，选择服务器地址，点击"验证"按钮。

步骤 3：通过验证后，点击"添加"按钮。

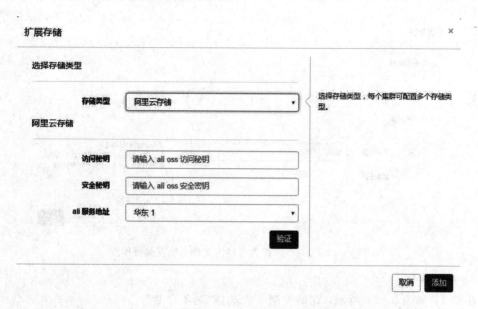

图 5-27　Cayman 扩展存储为阿里云存储操作图

5）亚马逊云存储

步骤 1：如图 5-28 所示，存储类型一栏选择"亚马逊云存储"。

步骤 2：填写访问密钥，安全密钥，选择服务器地址，点击"验证"按钮。

步骤 3：通过验证后，点击"添加"按钮。

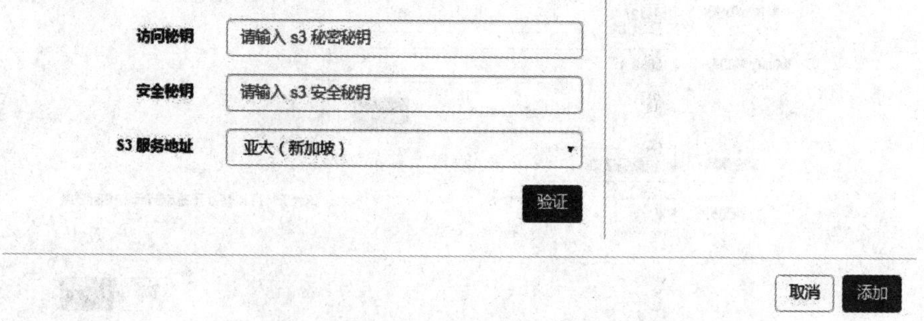

图 5-28　Cayman 扩展存储为亚马逊云存储操作图

5.2.6　Cayman 租户操作

下面主要介绍 Cayman 租户操作方法。

1. 登录 Cayman

步骤 1：打开浏览器，在地址栏输入后台服务 ip：port/dana/cayman，点击回车。

步骤 2：进入登录界面，如图 5-29 所示，输入租户账号和密码，点击登录。

图 5-29　Cayman 登录界面图

2. 下载安装客户端

步骤 1：如图 5-30 所示，点击登录界面右上角，选择 Windows 客户端下载。

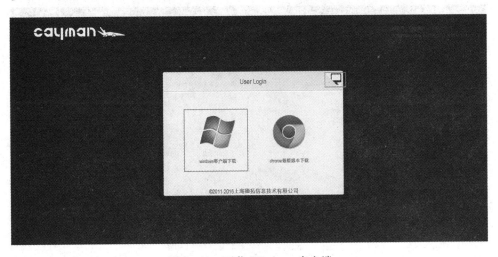

图 5-30　下载 Windows 客户端

步骤 2：进入下载的文件夹，解压 cayman 客户端的压缩包，进入文件夹。双击 setup.exe，根据安装向导进行安装。

步骤 3：如图 5-31 所示，安装完成过后，点击关闭，退出安装程序。

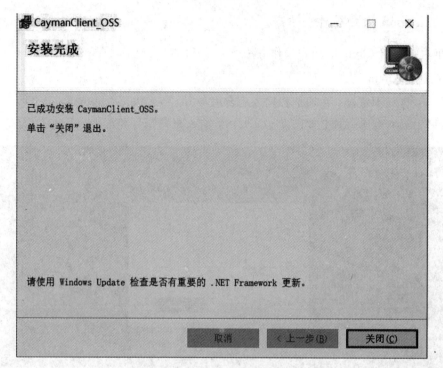

图 5 - 31 安装完成界面

3. 对象存储

如图 5 - 32 所示，点击对象存储，进入对象存储界面，使用对象存储功能。

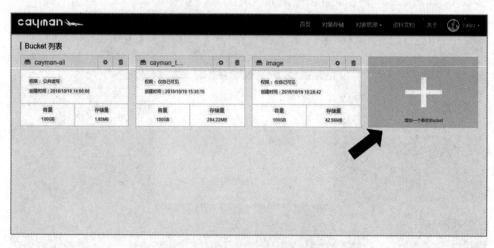

图 5 - 32 Cayman 对象存储界面

1）新建 Bucket

步骤 1：在图 5 - 32 中，点击 Bucket 列表中的＋号，弹出新建 Bucket 页面，如图 5 - 33 所示。

步骤 2：填写 Bucket 名称，设置 Bucket 配额，选择存储类型。

步骤 3：点击"添加"按钮。

说明：Bucket 的总配额不能超过租户拥有的配额。

图 5 - 33　新建 Bucket 页面

2）上传文件

步骤 1：在图 5 - 34 中，点击上方的"上传"按钮，进入上传列表，即可上传文件。

图 5 - 34　Bucket 详情页面

步骤 2：上传结束后，点击"完成"按钮，成功上传两个文件，如图 5 - 35 所示。

图 5 - 35　文件上传后的显示页面

3）上传文件夹

与上传步骤相同，进入上传界面，点击"文件夹"按钮，选择文件夹进行上传。后续步骤与上传文件相同，不再赘述。

4）新建文件夹

步骤1：在图5-35显示的Bucket中，点击右上方的"新建文件夹"按钮，弹出如图5-36所示的新建文件夹。

步骤2：按照命名规范，填写名称，点击"新建"按钮，新建文件夹完成。

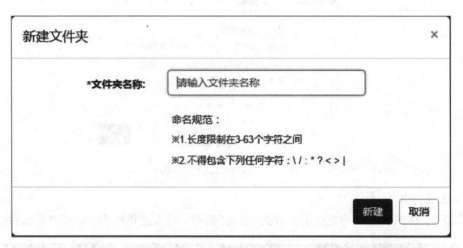

图5-36　新建文件夹页面

5）下载Bucket文件对象

选择Bucket中的一个文件对象，如图5-37所示，点击该项目列表最右边的下载按钮，下载该文件对象。

图5-37　下载选中对象页面

6）删除Bucket文件对象

（1）删除单个文件对象：在图5-37中，选择一个文件对象，点击列表右侧的"删除"按钮，删除该文件对象。

（2）批量删除：如图5-38所示，勾选所有要删除的文件对象左侧复选框，点击上方出现的"删除"按钮，即可批量删除多个文件对象。

图 5-38　批量删除文件对象页面

7）添加元数据

步骤 1：如图 5-39 所示，勾选单个文件对象，点击上方的"添加元数据"按钮，弹出添加元数据窗口，如图 5-40 所示。

图 5-39　添加元数据页面

步骤 2：在图 5-40 中，填写键和值，点击"添加元数据"按钮。添加完成后，关闭该窗口。

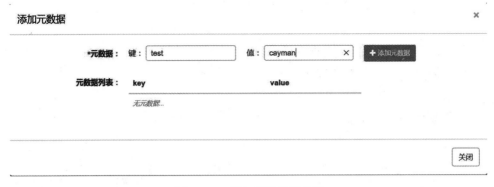

图 5-40　添加元数据详情页

8）查看数据标签

（1）查看桶标签。点击 Bucket 名称右侧的 ⓘ ，弹出桶信息隐藏窗口，主要有以下几种信息。

① 基本信息：名称、拥有者、创建日期、已使用容量、总容量，如图 5-41 所示。

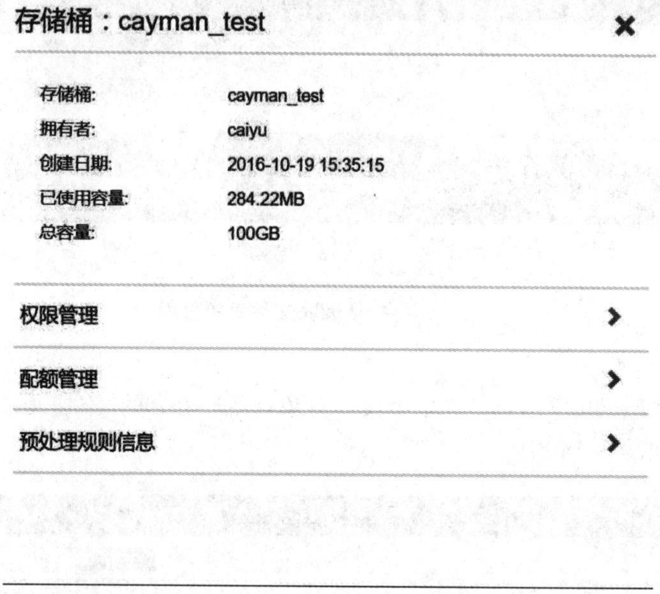

存储桶：cayman_test
×
存储桶: cayman_test
拥有者: caiyu
创建日期: 2016-10-19 15:35:15
已使用容量: 284.22MB
总容量: 100GB
权限管理
配额管理
预处理规则信息

图 5-41　存储桶基本信息

② 权限信息：点击权限管理，查看桶的读写权限，分为仅自己可见、公共读、公共读写三种权限，如图 5-42 所示。修改权限，点击“保存”按钮，权限被修改。

权限管理
权限:
公共读写
保存
取消

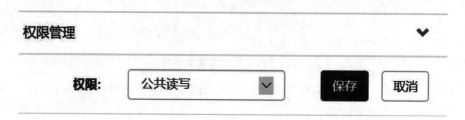

图 5-42　存储桶的权限修改界面

③ 配额信息：点击配额管理查看桶配额。点击“修改”按钮，在弹出的窗口中输入新配额值，点击“保存”按钮，可修改配额，如图 5-43 所示。

配额管理
容量:
100
GE
保存
取消

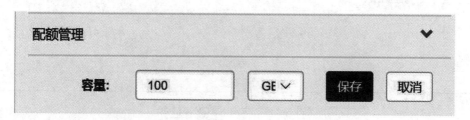

图 5-43　存储桶的配额修改界面

说明：修改配额时也需要遵从总配额不超过用户配额的原则。

④ 预处理信息：可以查看在对象管理中为桶设置的预处理规则信息。点击详细信息，可以看到相同配置的预处理规则的详细配置，如图 5-44 所示。

规则名称：shiping

适用范围：vedio

索引处理：

选项	状态
全文检索	支持
拼音搜索	支持

媒体子规则：

类型	规则名称	适用类型
视频	video1	截图
视频	mpg	转码

图 5-44　预处理规则详情界面

（2）查看对象数据标签。点击 Bucket 的一个文件对象的名称，可以查看文件对象信息。

① 概览信息：经过预处理的文件可看见缩略图，如图 5-45 所示。

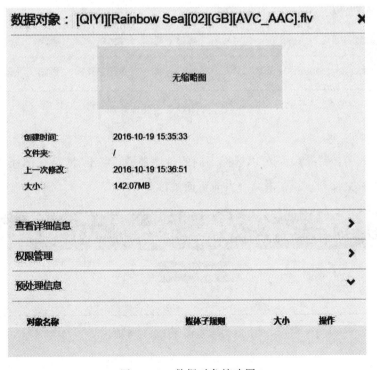

图 5-45　数据对象缩略图

② 详细信息：可查看和修改元数据，如图 5 - 46 所示。

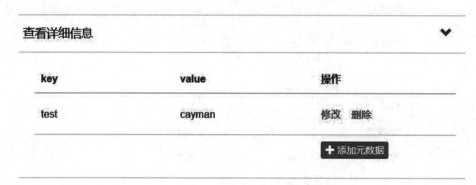

图 5 - 46　查看文件对象详细信息

在图 5 - 46 中，点击添加元数据，输入键和值，点击"添加"按钮，可以添加新的元数据。也可以对现有的元数据进行修改和删除操作。

③ 权限信息：默认与桶的权限信息一致，可以修改文件权限。

④ 预处理信息：文件经过预处理之后，可看见原文件和预处理生成的文件等信息，如图 5 - 47 所示。点击预览，可以预览经过预处理的文件；点击下载，可以下载预处理文件。

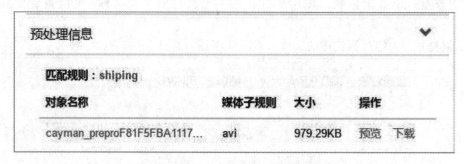

图 5 - 47　文件对象预处理界面

9）页面样式管理

在图 5 - 48 中，点击 ᴬZ，可以选择不同的排序类型；点击"网络视图模式"，可以使用不同的视图查看文件列表；点击 ○，当前页面被刷新。

图 5 - 48　页面样式管理界面

4. 对象管理

1）预处理

（1）创建预处理规则。音视频转码格式如表 5 - 1 所示。

表 5 - 1　音视频转码格式

输入视频格式	3gp、asf、avi、flv、mkv、mov、mp4、mpg、wmv、rmvb、vob、webm
输出视频格式	asf、avi、flv、mov、mp4、mpg
输入音频格式	aac、aif、ape、au、flac、flv、m4r、mp2、mp3、wav、m4a
输出音频格式	au、flac、mp2、mp3、ogg、voc、wav、wv、ac3

音视频转码参数推荐如表 5 - 2 所示。

表 5 - 2　音视频转码参数推荐表

视频码率/bps	262 144
	327 680
	514 048
	1 048 576
视频帧率/fps	15
	25
音频码率/bps	98 304
	131 072
	196 608
音频采样率/Hz	22 050
	44 100
	48 000

音视频转码编码格式如表 5 - 3 所示。

表 5 - 3　音视频转码编码格式

视频转码编码格式	avc(h264)、mpeg2、mpeg4(divx)、mjpeg
音频转码编码格式	aac、ac3、mp3、pcm、wmav2

步骤 1：如图 5 - 49 所示，点击对象管理的预处理，进入预处理界面，如图 5 - 50 所示。

图 5 - 49　Cayman 对象管理界面

图 5-50　对象预处理界面

步骤 2：在图 5-50 中，点击左上角的"新增"按钮，弹出如图 5-51 所示的预处理规则添加弹窗。点击应用桶范围输入框，在弹出的下拉框中选中一个或多个桶，点击"下一步"按钮。

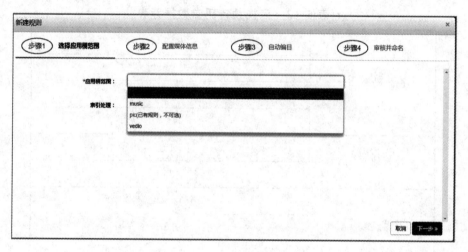

图 5-51　应用桶范围选择界面

步骤 3：在图 5-52 的配置媒体信息页面，点击下拉框选择需要处理的文件类型，并点击右侧的"添加"按钮。弹出配置表单，根据推荐配置填写后，点击"确定"按钮保存。

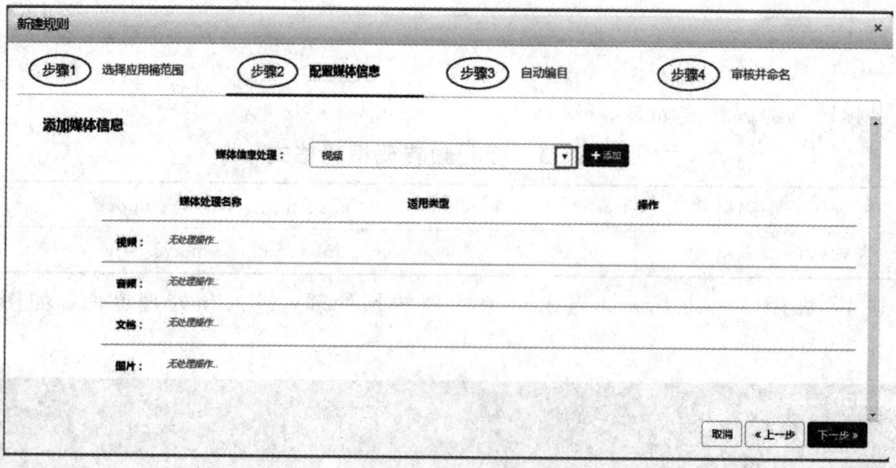

图 5-52　媒体信息处理类型选择界面

步骤 4：重复上述步骤，将所有需要的转化规则都保存成功后，点击下一步，配置元数据，如图 5-53 所示。填写键和值，点击"添加元数据"按钮，添加成功后点击下一步。

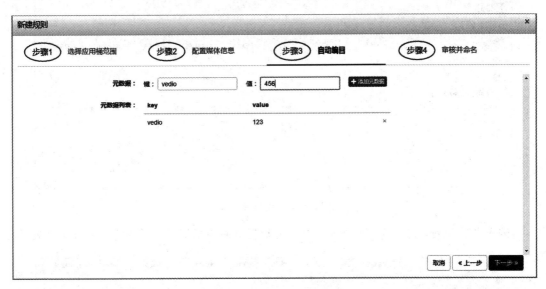

图 5-53　配置元数据界面

步骤 5：如图 5-54 所示，输入规则名称，确认无误后，点击"保存规则"按钮，配置完成。

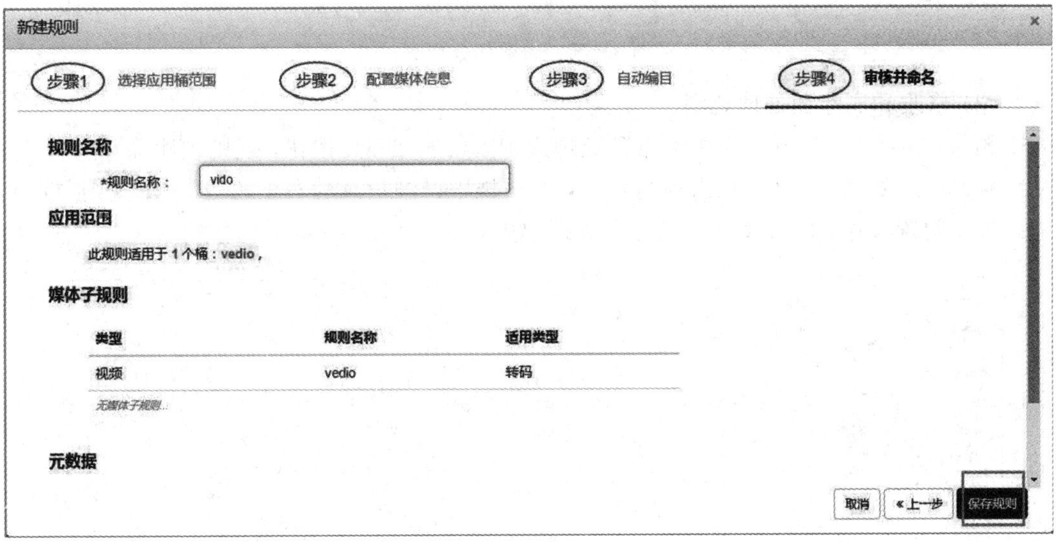

图 5-54　保存规则界面

（2）查看预处理任务。在 Bucket 中上传配置过预处理格式的文件，进入预处理界面，点击预处理的名称，可以看到执行中的文件，处理成功的文件和处理失败的文件，如图 5-55 所示。

图 5-55　预处理界面

进入失败列表，如图 5-56 所示，点击失败任务右侧的刷新，任务将重新开始预处理。

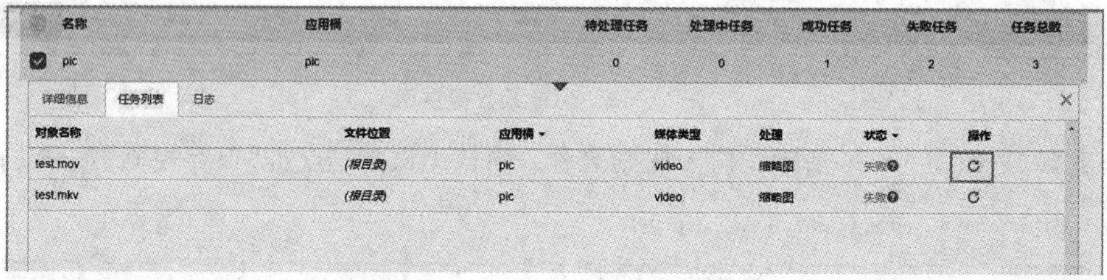

图 5-56　失败任务列表

（3）修改和删除预处理规则。

删除：在图 5-55 中，选中某条预处理规则，点击"删除"按钮，规则被删除。

修改：在图 5-57 中，点击规则名称，点击规则详细信息的右下角的"编辑规则"按钮，进入规则配置程序，后续步骤与新增预处理规则一致，不再赘述。

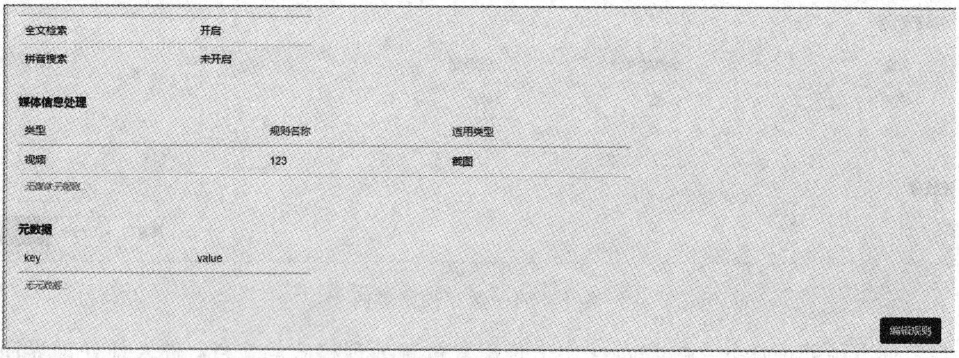

图 5-57　编辑规则页面

2）搜索

常规搜索的步骤如下。

步骤 1：点击导航栏上的对象管理，选择搜索，进入搜索界面，如图 5-58 所示。

图 5-58　搜索界面

　　步骤 2：如图 5-59 所示，点击左上方的下拉框，选择按文件名搜索、按内容搜索或不限，点击"搜索"按钮，搜索结果如图 5-60 所示。

　　说明：目前按内容搜索只能检索到.txt 格式的文件。

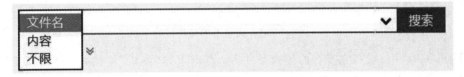

图 5-59　搜索类型选择界面

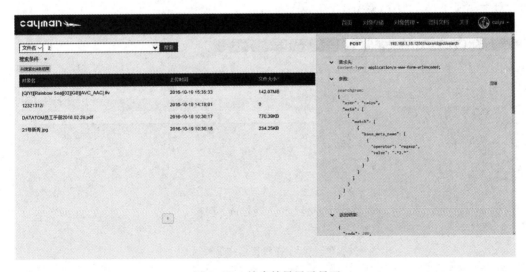

图 5-60　搜索结果展示界面

3）高级搜索

如图 5-61 所示，在搜索界面点击搜索框中的向下箭头，弹出高级搜索弹窗。

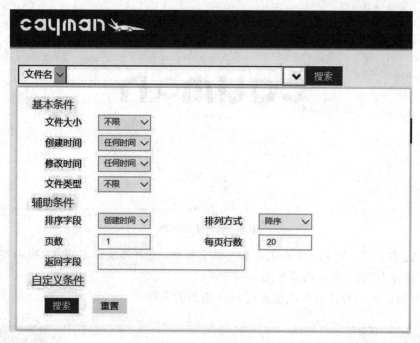

图 5-61 高级搜索对话框

在图 5-61 中，填写完所有的搜索条件后，点击下方"搜索"按钮，返回如图 5-62 所示的结果列表。在页面的右侧为请求控制台，供开发人员调试使用。

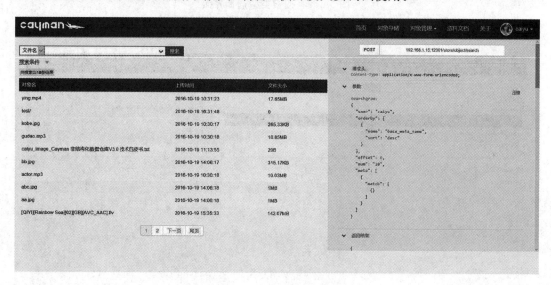

图 5-62 高级搜索结果展示

5.2.7 Cayman 开发人员操作

Cayman 为了方便开发人员使用和维护 Cayman3.1 非结构化数据仓库，专门提供了一

个资料文档模块。资料文档中涵盖了 cayman 所有的接口 API 文档。开发人员可以通过
Postman 工具，结合 API 文档调用各个接口。

通过首页或导航栏进入资料文档界面，如图 5-63 所示。

图 5-63　Cayman 资料文档页面

该页面主要包含以下功能：

（1）隐藏/显示导航栏；

（2）下载 PDF 文档；

（3）调整字体。

下面以创建桶功能为例，点击创建桶，右侧窗口出现 API 文档，如图 5-64 所示。
下面我们简单介绍 API 的内容。

创建一个桶

`/api/cayman/store/bucket/create`

接口说明

创建一个桶，隶属于请求的有效授权用户。

HTTP请求类型

`POST`

请求参数

参数名	类型	必选	说明
bucket	string	yes	要创建存储桶名
userid	string	yes	登录用户名

使用示例

```
curl -XPOST http://192.168.1.100/api/cayman/store/bucket/create \
-F bucket=bucket-z \
-F userid=test
```

返回数据类型

```
JSON
```

返回结果示例

```
{
    "code":    200
}
```

其他返回说明

code	说明
409	桶已存在
417	创建桶出错

图 5-64　创建桶 API 接口信息

该接口的主要内容如表 5-4 所示。

表 5-4　创建桶 API 接口内容

接口名	创建桶
接口说明	创建一个桶，隶属于请求有效的授权用户
请求参数	bucket、userid
调用示例	curl-XPOST http:/192.168.1.10/api/cayman/store/bucket/create 　　-F bucket＝bucket-z-F userid＝test
返回结果	200＝成功 409＝桶已经存在 417＝创建桶出错

5.2.8　Cayman 存储技术应用实例

下面以非结构化数据的存储和搜索为例讲述 Cayman 的实际应用。

1. Cayman 登录

Cayman 登录有两种方式：一是直接从 Cayman 的登录界面进入；二是点击"Dana Studio→数据中心→对象存储"进入桶管理界面，如图 5-65 所示。

图 5 - 65　Cayman 对象存储桶管理界面

2. 新建 Bucket

由于 Cayman 中所有存储对象皆存储在桶中，因此需要新建桶(Bucket)。点击图 5 - 65 中的"添加 Bucket"按钮，弹出图 5 - 66 界面，添加名为"test - 01"，桶配额为 8 GB,存储类型为"文件系统存储"的桶。点击"确定"，可返回桶添加完毕后的对象存储界面。

图 5 - 66　添加名为"test - 01"的桶

3. 新建文件夹

添加完桶之后，可直接向桶里上传文件或文件夹。为了便于管理，一般可以在桶内新建文件夹，如图 5 - 67 所示。

图 5-67 桶内新建文件夹

点击"新建文件夹"按钮，可弹出如图 5-68 所示的对话框。

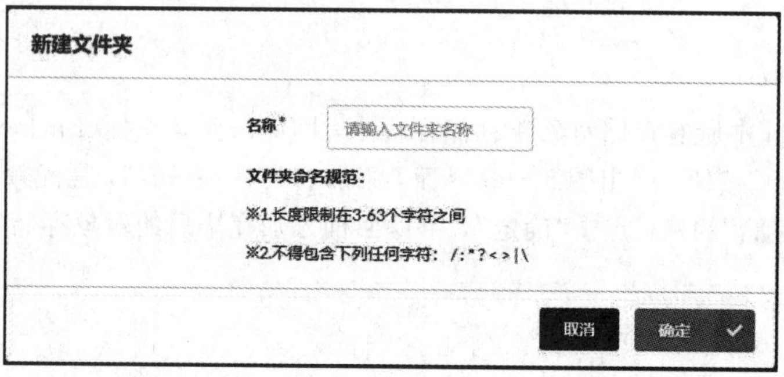

新建文件夹

名称 * 　请输入文件夹名称

文件夹命名规范：

※1.长度限制在3-63个字符之间

※2.不得包含下列任何字符：/:*?<>|\

取消 　确定 ✓

图 5-68 新建文件夹

需要注意的是，文件夹名称需符合文件夹命名规范。输入正确名称（比如 test-new）后，点击"确定"，在对象存储界面可以看到新建的文件夹。

4. 上传文件/文件夹

点击"上传对象"按钮，可根据需求选择文件或文件夹存储需要上传的文件或文件夹。在图 5-69 中，点击"开始上传"，直到出现"上传完毕"提示，则完成了非结构化数据对象的存储，上传完毕后即可查看桶内存储对象。

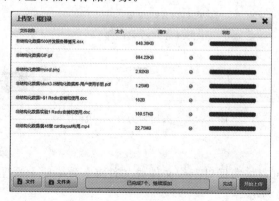

图 5-69 上传文件过程图

5. 删除文件/文件夹

在需要删除桶内的文件或文件夹时，只需选中需要删除的对象，然后点击"删除"按钮，即可删除选中的对象，如图 5 - 70 所示。

图 5 - 70　删除单个文件夹

6. 删除 Bucket

删除桶时需要注意的是，当桶内存储对象不为空时，不能删除桶。因此，在删除桶之前，需要把桶内所存储的对象全部删除掉。删除桶时，在桶管理界面，点击删除符号，即可实现对桶的删除，如图 5 - 71 所示。

图 5 - 71　删除桶

7. 数据搜索

Cayman 提供了租户所存储对象的数据搜索功能。搜索类型可分为：按文件名搜索、按内容搜索和不限类型搜索。点击下拉菜单，可选择不同类型的搜索方式。输入关键字"sql"，搜索结果如图 5 - 72 所示。

图 5-72 以"sql"为关键字的搜索结果

本 章 小 结

本章从非结构化数据的概念出发，介绍了非结构化数据存储的关键能力。在此基础上，详细阐述了 Cayman 存储技术的概念、功能、系统构架以及技术特性，重点讲解了 Cayman 系统的安装配置与基本操作，最后通过 Cayman 存储技术应用实例诠释了非结构化数据存储技术在大数据领域的应用。

课 后 作 业

一、简述题

1. 简述非结构化数据的特点。

2. 简述 Cayman 的特点和系统架构。

3. 简述 Cayman 的优势。

二、操作题

使用 Cayman 新建桶和删除桶。

第6章　态势感知——舆情热点大数据平台中的数据存储技术

学习目标：
- 了解舆情热点大数据平台项目背景；
- 理解舆情热点大数据平台数据存储需求；
- 掌握舆情热点大数据平台数据存储实现技术。

本章重点：
- 舆情热点大数据平台特征；
- 舆情热点大数据平台数据存储技术；
- 舆情热点大数据平台数据存储实现。

本章从舆情热点大数据平台的背景出发阐述网络舆情的特征，接着详细分析舆情热点大数据平台数据存储的需求，最后重点讲解舆情热点大数据平台数据存储设计和实现的关键技术以及案例分析。

6.1　项目背景

随着网络的快速发展、媒体的多元化、移动终端的普及、微博及论坛的广泛使用，人们可以随时随地阅读和发布信息，负面敏感信息可以在短时间内得到快速放大传播，形成严重的舆情危机，给相关部门和人员的声誉造成严重影响。各级政府部门越来越关注公众舆论，希望能够及时掌握舆论动向，快速分析舆论趋势，并积极引导舆论走向，维护社会稳定，真正做到关注民生、重视民生、保障民生、改善民生。

6.1.1　背景概述

舆情一般是指广泛大众关于社会民情、民意的态度及舆论。中国舆情研究专家王来华给出的定义是：舆情是指在一定的社会范围内，围绕着社会上发生的事件、事件的过程及事件的结果，作为主体的社会民众对事件以及当前发生事件的背景一个关注性的情绪和意见。而互联网舆情即是在互联网世界里，通过常用的互联网交流渠道，如论坛、微博、博客、贴吧等方式对日常社会民情发表观点及态度的一种网络形式。

在面对汹涌的舆论时，没有处理过类似事件的部门常常显得手足无措，一味使用删帖或管控手段来面对舆论，其实这并不是舆情管理的最优化方案，以疏替堵、以表及里才是舆情处置中需要遵循的基本原则。图6-1展示了处理舆论的基本步骤。

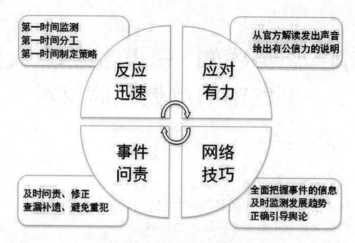

图 6-1　处理舆论的基本步骤

因此，尽早开展全媒体舆情监测服务工作，能够帮助我们及早发现舆情，及时了解舆情动态和发展趋势，这已经成为各部门新闻宣传工作必不可少的组成部分。

通过主动向互联网站及相应媒体媒介索取其利用技术手段获取的关于各项执法工作的意见建议，形成相应的数据报表展示给各级领导，帮助领导对公共监督情况了然于胸，从而反向推动各部门工作人员服务质量的改进、提升。

6.1.2　网络舆情特征

1. 网络舆情信息量大，传播速度快

互联网生态复杂多样，包含众多产品，网民能够使用不同的互联网产品和平台产生大量的信息。随着自媒体产品的迅速崛起，每一个网民都可以是信息的制造者和传播者，自媒体平台没有严格的层层把关，传播者只需以个体名义就可以直接传播信息。特别是出现一些重大事件时，网民可以第一时间对事件进行分析制作、发布、转发、评论等，会形成巨大的舆论势头。

2. 网络舆情信息多元化，呈现观点各异

互联网上面推送的信息来源于各个社会阶层与领域，年龄、教育、背景等都有差异，对事物的观念与看法也不同。他们聚集在一个网络大环境中畅所欲言，以致舆论五花八门、异常丰富、观点各异。

3. 网络舆情把关不严，呈现非理性

对于公众关注的事件很快就能在互联网上形成舆论。其中，不乏个别人在其中煽风点火，极易造成网络非理性情绪的蔓延，进而产生严重的不良影响，对相关部门造成巨大的舆论压力。可以说，互联网已成为思想文化信息的集散地和社会舆论的放大器。

6.2　态势感知——舆情热点大数据平台数据存储需求分析

本节首先介绍舆情热点大数据平台的功能需求，在此基础上，针对舆情热点大数据平台的数据存储需求进行详细分析。

6.2.1　态势感知——舆情热点大数据平台功能需求

舆情热点大数据平台通过主动从网上提取相关的舆情信息，将国内外重点的舆论网站、论坛、微博、微信公众号等作为搜索对象，利用 Dana Studio 大数据开发平台提供行业动态、热点事件、民生民意等全网监测，并提供正负面情感倾向分析、网络热点提取，生成舆情分析报告以及危机预警的网络舆情服务。该平台的主要功能如图 6-2 所示。

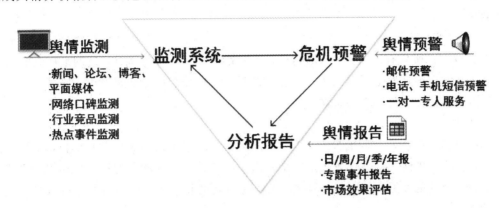

图 6-2　舆情热点大数据平台的主要功能

1. 舆情监测

对热门数据进行分析。对于新闻、微博话题、转发内容的关键词进行识别分析，可及时发现敏感事件，同时获取与事件相关的信息详情，判断其扩散影响程度，以做到在海量信息中的实时监控，及时抓取有价值的信息。

2. 舆情预警

对评价的内容进行趋势分析，并对舆论信息传播的广度、负面程度进行级别判断，比如可分为严重、普通、轻微三大等级，然后对不同等级事件根据不同推送规则以邮件、电话、短信等方式提醒；及时发现突发事件、涉及内容安全的敏感话题并进行预警推送，提供多等级预警。

3. 舆情报告

用户可通过浏览器浏览舆情分析处理后所形成的报告，根据指定条件对热点话题、倾向性进行查询，并浏览信息的具体内容，提供决策支持。系统可生成各种形式的报表，包括图表和数据表格。另外，用户可以根据需求定制报表模板，比如日报、周报、月报等。

此外，利用爬虫技术获得的各种信息，如果不加以分析处理，就会显得杂乱无章，无助于准确掌握公众的意见建议。因此对于舆情数据，首先要能够根据关键词的出现频率进行排序，并将出现频率较高的关键词进行展示。系统需要实现以下几个功能：

（1）以图表的方式统计常见关键词的出现次数及比率；

（2）手动添加用于统计的关键词；

（3）添加关键词过滤，令该关键词不被统计；

（4）手动设置数据来源范围；

（5）按照时间段设置来展示高频关键词的出现趋势。

6.2.2　态势感知——舆情热点大数据平台数据存储需求

网络的开放性和虚拟性，决定了舆情数据具有以下特点。

1）直接性

通过 BBS、新闻点评和博客网站，网民可以立即发表意见，下情直接上达，民意表达更加畅通。网络舆情还具有无限次即时快速传播的可能性，网络的这种特性增加了网络监管的难度。

2）随意性和多元化

"网络社会"所具有的虚拟性、匿名性、无边界和即时交互等特性，使网上舆情在价值传递、利益诉求等方面呈现多元化、非主流的特点。多元化的交流为民众提供了表达的空间，也为搜集真实舆情提供了素材。

3）突发性

网络打破了时间和空间的界限，重大新闻事件在网络上成为关注焦点的同时，也迅速成为舆论热点。当前舆论炒作方式主要是先由传统媒体发布，然后在网络上转载，再形成网络舆论，最后反馈给传统媒体。网络可以实时更新的特点，使得网络舆论可以最快的速度传播。

4）隐蔽性

互联网是一个虚拟的世界，由于发言者身份隐蔽，并且缺少规则限制和有效监督，网络成为一些网民发泄情绪的空间。

5）偏差性

互联网舆情是社情民意中最活跃、最尖锐的一部分，但网络舆情还不能等同于全民立场。由于网络空间中法律道德的约束较弱，如果网民缺乏自律，就会导致某些不负责任的言论，比如热衷于揭人隐私、谣言惑众、反社会倾向、偏激和非理性、群体盲从与冲动等。

以上特点充分体现了大数据的特征，比如数据量大、种类多、价值密度低等，这对大数据平台的数据存储提出了一定的要求，需要设计不同的存储策略，以满足数据存储的需求。

6.3　态势感知——舆情热点大数据平台数据存储设计与实现

本节基于 Dana Studio 数智开发平台，结合真实的项目应用实例，详细阐述舆情热点大数据平台的数据存储设计与实现过程。

6.3.1　态势感知——舆情热点大数据平台数据存储设计

态势感知——舆情热点大数据平台主要包括五部分内容：在线留言、基本舆情、精准舆情、标签云和公众评价，其功能结构如图 6-3 所示。

图 6-3　态势感知——舆情热点大数据平台结构图

1. 在线留言

通过抓取普通民众在某运管单位官网上的留言数据，了解民众关心的话题；通过设置时限，监管管理人员对留言的回复情况。提高投诉回复率，解决民众的诉求，可进一步提高公众满意度。在线留言的详细信息如图 6-4 所示。

留言详情							
留言标题:**投诉，老板拖欠燃油补贴和押金，投诉无门**							
留言时间	联系电话	留言内容		回复内容	回复时间	操作员	审批时间	审批人
2015-11-04 16:44:43.643	178178▨▨▨▨	尊敬的领导，我2014年是〔▨▨▨出租车公司〕车号为贵A▨▨▨▨▨的驾驶员，我老板，拖欠我2014年燃油补贴共计164个台班，押金还有1150元没有归还（说好2015年1月1日起3个月之内，如果查到我2014年驾驶出租车期间无违章记录，就全部退还，有字据为证，可是到现在也没有退）。投诉他到12319和公司多次，都没有得到解决，〔▨▨▨〕打电话给我还说运管不用他们帐，随便我投诉，我有录音为证，当然，我知道他在运管有关系），现在我电话直接被他拉黑了，拿其他电话打，听见我就挂了，又继续拉黑，所以我希望贵单位领导能督促我看一下这事，我是真不知道上哪里可以去投诉了，我们这种老百姓不怕黑心的老板，就怕投诉都无门，希望领导在百忙之中抽点时间处理下我的投诉信，在此谢谢领导了	你好！请与公司负责人联系解决，电话：8678▨▨▨。如仍未圆满解决，请与我局出租车科联系解决，电话：852▨▨▨。	2015-11-06 09:14:31.397	李▨ (5251▨▨▨)	2015-11-06 13:29:04.843	廖▨ (5251▨▨▨)

图 6-4　在线留言

2. 基本舆情

以省内和国内一些重点的舆论网站、论坛、微博等作为搜索对象，利用网络爬虫技术在网络上对包含运输管理、执法、管理、出租车等各类行业相关业务关键词进行搜索，将爬取到的数据内容汇聚到平台中进行整合以供分析统计。

每个抓取的信息都应当包含除正文内容外的其他信息，如包含来源、时间和发布人等信息，确保后续舆情数据挖掘分析的深度和广度。将指定范围网络媒介上相关的舆论信息数据汇聚到平台，去除单字和无意义的形容词等内容后，进行整体的分词展示，分词应当基于关键词。基本舆情的关键词统计分析如图 6-5 所示。

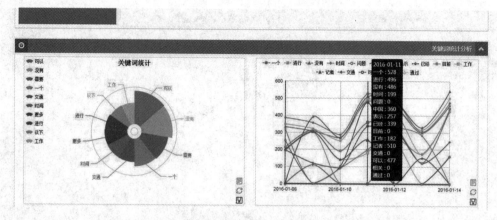

图 6-5   基本舆情的关键词统计分析

关键词统计分析主要从关键词排名和关键词趋势两个方面入手。

关键词排名：应当展示后台所有内容中关键词出现次数的排名情况，以及其所占的比例。

关键词趋势：应当设定以周为周期的趋势状态，把各个关键词的变化情况展示出来，便于识别近期的舆论关注点。

3. 精准舆情

如图 6-6 所示，通过和运管单位工作高度一致的关键词"驾驶证"、"超载"、"违停"、"超速"等按照时间（天）进行数量的排序，以曲线图的方式进行展示，可以让宣传部门掌握近期的舆论热点，并可点击关键时间类型事件节点查看详情。

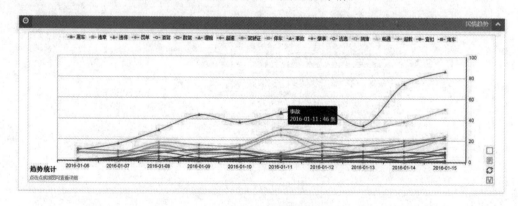

图 6-6   精准舆情趋势

4. 标签云

除高频出现的关键词外，也应该将尽量多的关键词列举出来形成标签云，并能够比较直观地反映出每个关键词的出现频率高低。通过每个关键词能够查询到包含该关键词的具体舆情内容，并可进一步点击进入到数据来源的媒体页面，查看具体信息。常用的方法是关键词标签云。

关键词标签云是指利用大数据的展示方式，直接把关键词做成标签云，出现频繁的关键词会放大出现，便于人工识别关键词的词频情况。

5. 公众评价

经过特定的情感算法和规则的筛选，对运管单位执法人员工作的正面舆论消息、负面舆论消息、投诉建议等进行整合及分析统计，通过 Web 平台调阅信息并对正负面信息做对比展示，所有的正负面舆情都可以通过点击排列出来，找到其具体内容、来源和时间，如图 6-7 所示。

图 6-7 公众评价

综合分析上述功能中的数据，不难发现，舆情数据主要集中在非结构化数据方面，因此，我们基于 Dana Studio 数智开发平台，使用 Cayman 数据仓库存储非结构化数据。舆情数据采用 Cayman 中的文件和数据库两种方式进行存储，并在 Cayman 中进行数据清洗、修改、统计等各种数据处理，再利用 Dana Studio 数智开发平台对 Cayman 中的数据表进行完善，最后将处理好的数据表添加到 Panda BI 数智决策平台进行绘图。舆情热点大数据平台数据存储设计的流程如图 6-8 所示。

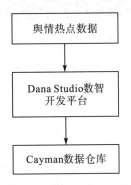

图 6-8 舆情热点大数据平台数据存储设计的流程

6.3.2 态势感知——舆情热点大数据平台数据存储实现

舆情数据一般都是非结构化数据，下面以非结构化数据为例，使用上海德拓信息技术股份有限公司自主研发的 Cayman 数据仓库来实现数据的存储。

Cayman 提供专业的分布式对象存储服务，解决海量非结构化数据存储难题，帮助用户有效进行数据管理和潜在价值挖掘。Cayman 分布的式架构和对称式的设计使其可以根据需要动态扩展节点，并保障无单点故障和性能瓶颈问题。因此，使用德拓公司 Dana Studio 大数据开发平台提供的 Cayman 非结构化存储仓库是个不错的选择。

首先打开 Dana Studio 大数据开发平台，使用用户名：admin，密码：123456 进行登录，如图 6-9 所示。

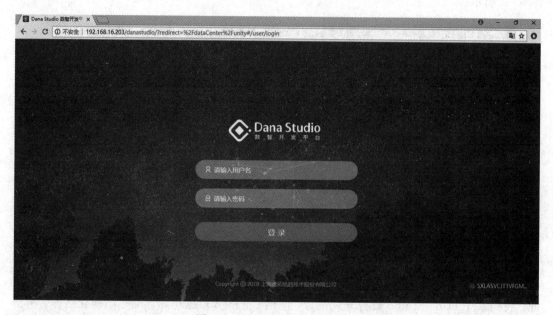

图 6-9　Dana Studio 登录页面

进入 Dana Studio 大数据开发平台界面，点击平台管理，如图 6-10 所示。

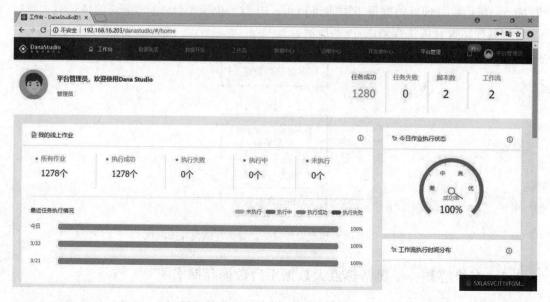

图 6-10　Dana Studio 开发平台界面

　　在图 6 - 10 中，点击菜单栏上的"平台管理"按钮，进入平台管理页面，点击左侧导航栏上的"引擎服务"，进入引擎服务页面，向下滑动滚动条，找到 Cayman 引擎服务，如图 6 - 11 所示。我们可以查看它的节点数，也可以点击前往运维界面进行运维。

图 6 - 11　Cayman 引擎服务界面

　　本案例使用的 Cayman 非结构化存储仓库的后台地址是 192.168.16.202，端口号是 12001。下面我们打开一个网页来访问 Cayman 非结构化存储仓库。进入 Cayman 的登录页面，如图 6 - 12 所示，默认用户名和密码都是 admin。

图 6 - 12　Cayman 登录页面

点击登录，进入 Cayman 首页，在 Cayman 界面我们可以看到节点信息和一些服务列表，包括日志、存储路径等信息。

下面借助 Dana Studio 数据开发平台完成非结构化数据的上传。回到 Dana Studio 开发平台，如图 6-13 所示，点击数据中心。

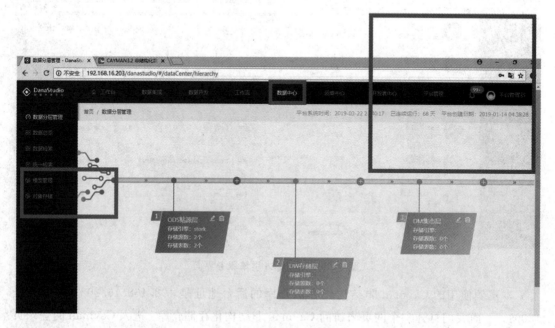

图 6-13 数据中心页面

在数据中心页面，选择对象存储，如图 6-14 所示。

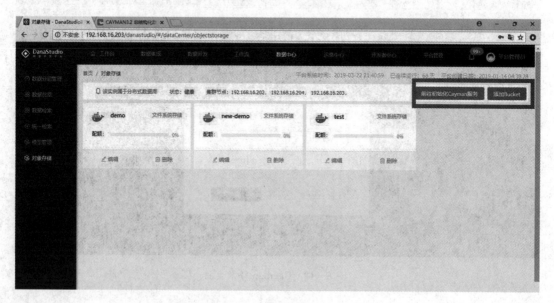

图 6-14 对象存储页面

在图 6-14 中，我们可以初始化 Cayman 服务，也可以为新上传的非结构化数据添加 Bucket，即为要上传的非结构化数据新建一个小的存储账户。点击添加 Bucket，弹出添加 Bucket 窗口，如图 6-15 所示。添加 Bucket 时要注意 Bucket 的命名规范。

图 6-15　添加 Bucket

在配额中我们可以根据自己的需求，为此 Bucket 分配存储空间，这里我们选择 GB，并为它分配 10 GB 的空间。存储类型选择文件系统存储，最后点击"确定"按钮。此时，成功创建名为 demo1 的 Bucket，如图 6-16 所示。

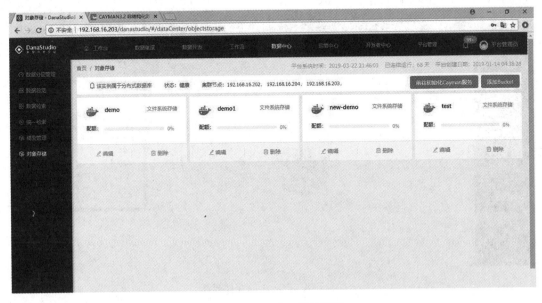

图 6-16　Bucket 显示页面

在图 6-16 中，点击名为 demo1 的 Bucket 下方"编辑"按钮，即可修改该 Bucket 的存储空间等属性，如图 6-17 所示。

图 6-17　Bucket 编辑页面

当我们需要向此 Bucket 上传数据的时候，点击图 6-16 中的 demo1 Bucket，进入 demo1 的存储桶，如图 6-18 所示。右边是我们新建的存储桶的一些基本信息，包括存储桶的名称、拥有者、创建时间、容量、权限等。

图 6-18　demo1 的存储界面

在图 6-18 中，点击"新建文件夹"按钮，弹出新建文件夹窗口，如图 6-19 所示。新建一个名为 new1 的文件目录，创建成功后即可上传非结构化数据。

图 6-19　新建文件夹 new1

在图 6-18 中，点击"上传对象"按钮，即可上传对象。上传共有两种模式，分别是上传文件对象模式和上传文件夹对象模式。首先，使用上传文件对象模式，如图 6-20 所示。

图 6-20　上传对象页面

在图 6 - 20 中，点击"文件"按钮，选中"非结构化数据"文件夹下的所有文件，点击"打开"按钮，就可以成功上传选中的非结构化数据。当然我们也可以使用文件夹进行上传。点击"文件夹"按钮，选择我们需要上传的文件夹，可以一次性将我们需要上传的文件提取到上传界面。上传结束以后会显示操作状态，上传成功后点击"关闭"按钮，即可看到新上传的非结构化数据文件夹，如图 6 - 21 所示。

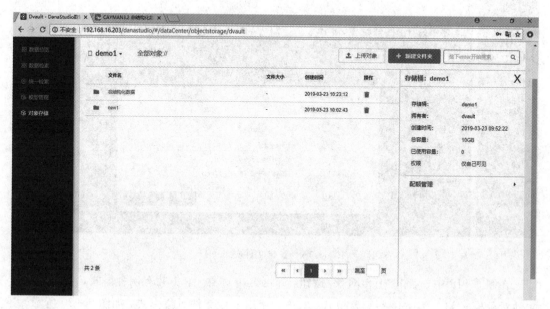

图 6 - 21　对象存储界面

在图 6 - 21 中，点击新上传的文件夹，可以看到之前上传的非结构化数据，如图 6 - 22 所示，这就是非结构化数据存储的基本步骤。

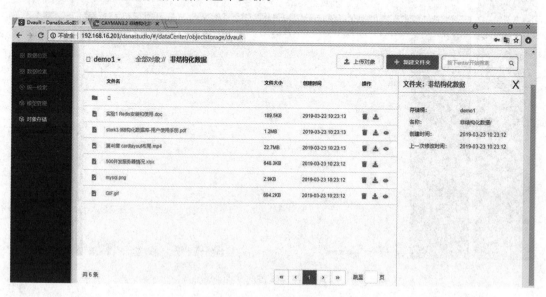

图 6 - 22　对象存储界面

本 章 小 结

本章阐述了态势感知——舆情热点大数据平台的背景、网络舆情的特征，对态势感知——舆情热点大数据平台数据存储需求进行了分析，最后重点介绍了态势感知——舆情热点大数据平台数据存储设计及实现的关键技术以及案例分析。

课 后 作 业

简述题

1. 处理舆论的基本步骤有哪些？
2. 简述舆情热点大数据平台的存储需求。
3. 简述舆情热点大数据平台的存储技术和实现。

参 考 文 献

［1］　林子雨. 大数据技术原理与应用. 2 版. 北京：人民邮电出版社，2017.

［2］　安俊秀，王鹏，靳宇倡. Hadoop 大数据处理技术基础与实践. 北京：人民邮电出版社，2015.

［3］　上海德拓信息技术股份有限公司. Teryx 分布式数据库引擎产品说明书，2017.

［4］　上海德拓信息技术股份有限公司. Teryx 分布式数据库引擎安装手册，2017.

［5］　上海德拓信息技术股份有限公司. Stork 关系型数据库引擎技术白皮书，2017.

［6］　上海德拓信息技术股份有限公司. Stork 关系数据库用户使用手册，2017.

［7］　上海德拓信息技术股份有限公司. Eagles 实时搜索与分析引擎技术白皮书，2017.

［8］　上海德拓信息技术股份有限公司. Cayman 非结构化数据仓库技术白皮书，2017.

［9］　上海德拓信息技术股份有限公司. Cayman 对象存储仓库安装部署手册，2017.

［10］　上海德拓信息技术股份有限公司. DANA 大数据平台安装手册，2017.

［11］　上海德拓信息技术股份有限公司. 大数据平台和项目案例手册，2017.